Elisabeth Beck

Psycho-Kiste
für Hundehalter

So trainieren Sie Ihre innere Stärke

Kynos Verlag

© 2020 KYNOS VERLAG Dr. Dieter Fleig GmbH
Konrad-Zuse-Straße 3 • D-54552 Nerdlen/Daun
Telefon: +49 (0) 6592 957389-0
www.kynos-verlag.de

Bildnachweis:
Titelbild: Olaf Neumann
Alle Grafiken: Olaf Neumann

Gedruckt in Lettland

2. Auflage 2021

ISBN 978-3-95464-233-5

 Mit dem Kauf dieses Buches unterstützen Sie die
Kynos Stiftung Hunde helfen Menschen
www.kynos-stiftung.de

Haftungsausschluss
Die Benutzung dieses Buches und die Umsetzung der darin enthaltenen Informationen erfolgt ausdrücklich
auf eigenes Risiko. Der Verlag und auch der Autor können für etwaige Unfälle und Schäden jeder Art, die
sich bei der Umsetzung von im Buch beschriebenen Vorgehensweisen ergeben, aus keinem Rechtsgrund
eine Haftung übernehmen. Rechts- und Schadenersatzansprüche sind ausgeschlossen. Das Werk inklusive
aller Inhalte wurde unter größter Sorgfalt erarbeitet. Dennoch können Druckfehler und Falschinformatio-
nen nicht vollständig ausgeschlossen werden. Der Verlag und auch der Autor übernehmen keine Haftung
für die Aktualität, Richtigkeit und Vollständigkeit der Inhalte des Buches, ebenso nicht für Druckfehler. Es
kann keine juristische Verantwortung sowie Haftung in irgendeiner Form für fehlerhafte Angaben und daraus
entstandene Folgen vom Verlag bzw. Autor übernommen werden. Für die Inhalte von den in diesem Buch
abgedruckten Internetseiten sind ausschließlich die Betreiber der jeweiligen Internetseiten verantwortlich.

Inhaltsverzeichnis

3. Ein Hund, ein Baum, eine Königin –
Wie uns in kritischen Situationen der eigene Körper helfen
kann, gelassener und selbstsicherer zu reagieren

4. Ein Hund und viele Gedanken 63

Der besseren Lesbarkeit halber verwende ich in den meisten Fällen die männliche Form im Buch. Angesprochen sind natürlich gleichermaßen alle weiblichen wie auch alle männlichen Hundehalter.

1. Wenn der Hundespaziergang zum Spießrutenlauf wird…

Eigentlich ist Bruno ja ein total lieber Hund, aber er kann nun mal Artgenossen nicht ausstehen. Männliche Artgenossen schon gar nicht. Sobald er sie nur von Weitem sieht, wird aus dem überzeugten „Kampf-Schmuser" eine Kampfmaschine. Eine giftsprühende Kampfmaschine. Und irgendwann ist es passiert: Frauchen Birgit hat den kleinen Terrier nicht gesehen, der gerade um die Ecke geschossen kam, und Bruno hat sich auf ihn gestürzt. Er war nicht mehr zu halten gewesen, und als es schließlich gelang, die Tiere mit Hilfe einer über sie geworfenen Jacke zu trennen, hatte der Kleine bereits eine ordentliche Bisswunde davongetragen.

Natürlich hat Birgit die gewaltige Schimpfkanonade des Terrier-Besitzers über sich ergehen lassen. Sie hat seine Wut sogar verstanden und versucht, sich zu entschuldigen. Und selbstverständlich hat Birgit die Tierarztkosten übernommen. Da der Terrier ein psychisch robuster kleiner Hund ist, hat er die Sache einigermaßen gut weggesteckt. Die Bisswunde ist längst verheilt. Aber die Wunde, die durch den Vorfall irgendwo tief drin in Birgits Psyche entstanden ist, die ist nicht verheilt. Als ich Birgit kennenlernte, klagte sie über „ein flaues Gefühl" in der Magengegend vor jedem Hundespaziergang und Angst, sobald nur ein anderer Hund in Sichtweite geriet.

Benny ist ein lustiger kleiner Mischling, der aus einem spanischen Tierheim stammt. Er scheint das Lieblingsopfer all jener Artgenossen zu sein, die gerne mal „zulangen" – Benny wird immer wieder gebissen. Beobachtet man ihn, wie er mit anderen Hunden kommuniziert, fällt auf, dass er die Hundesprache offenbar nur mangelhaft beherrscht. Bei Begegnungen mit Artgenossen wirkt er unsicher und unbeholfen. Über seine Herkunft weiß man nicht viel. Fest steht, dass er bereits als sehr kleiner Welpe gefunden und in einem spanischen Tierheim abgegeben wurde. Offenbar wurde er viel zu früh von Mutter und Geschwistern getrennt. Er hat so die sozialen Spielregeln, die sich Hunde im Umgang mit der Mutter und im Spiel mit Geschwistern aneignen, einfach nicht gelernt. In der Folge kriegt er immer wieder mal von anderen Hunden „eins auf die Mütze". Kein Wunder, dass Frauchen Daniela die Gassirunden und Spaziergänge nur noch mit Bauchschmerzen antritt.

Christiane hat große Angst, mit ihrem Schäferhund Axel irgendwohin zu gehen, wo man auf Kinder oder auch andere Hunde treffen könnte. Axel hat noch nie gebissen, nicht einmal gedroht. Aber ihr Hundetrainer hat Christiane gewarnt. Er hat ihr dringend geraten, sehr vorsichtig zu sein, da der Hund das Potenzial zu heftigen Aggressionen in sich trage.

Tessas Frauchen Doris bittet mich um Hilfe, weil die Hündin einfach nicht mehr nach draußen gehen will. Schon beim Anblick der Leine ergreift sie die Flucht. Erst einmal auf der Straße, dreht Tessa nach einer gewissen Strecke, oftmals auch schon nach ein paar Schritten um und zieht nach Hause. Oder sie bleibt stehen wie festgeschraubt und weigert sich, weiterzugehen. Ein Vergnügen sind die Hunderunden auf diese Art natürlich nicht. Doris fühlt sich hilflos.

Als ich Ulli kennenlerne, ist sie kurz davor, ihren (Neben-)Beruf als Hundetrainerin endgültig aufzugeben, den sie mit großer Freude und hohem Engagement seit fünf Jahren ausgeübt hat. Ihr Hund Bobo wurde auf ihrem eigenen Hundeplatz von einem Kundenhund so heftig gebissen, dass er in der Tierklinik operiert werden musste. Der Kundenhund hatte sich aus seinem Führgeschirr befreit und war unversehens auf Bobo losgegangen. Bobo hat seither Angst vor anderen Hunden, die sich bis zur Panik steigern kann. Auch Ulli hat seit diesem Vorfall Angst vor Hundebegegnungen, massive

Angst sogar. Noch viel schlimmer aber ist das Gefühl, versagt zu haben, als Frauchen, aber auch als Hundetrainerin. Seit dem Beißvorfall hat Ulli kein Training mehr gegeben. Sie konnte ihren Bobo nicht beschützen und hält sich selber für eine ganz, ganz schlechte Hundetrainerin.

Birgit und Bruno, Daniela und Benny, Christiane und Axel, Doris und Tessa sowie Ulli und Bobo stehen für viele Menschen und Hunde, die ich kennenlernen und mit denen ich arbeiten durfte – auch wenn sie in Wirklichkeit ganz anders heißen. Sie alle werden uns in späteren Kapiteln noch begegnen. Und für sie alle, für ihre großen, für die kleineren und auch für die ganz großen Probleme gab es Lösungen, die nicht allein in der Arbeit mit dem Hund lagen. Davon handelt dieses Buch.

Das Training am anderen Ende der Leine

„Ein alter Hund lernt keine neuen Tricks",
heißt ein altes Sprichwort.

Jedem, der mit Hunden arbeitet, ist klar, dass diese Aussage unsinnig und schlicht falsch ist. Ich weiß, wovon ich rede: Meine Hündin Pamina etwa war fünfzehn Jahre alt und vollkommen taub, als wir mit dem Tricktraining begannen. Die alte Hündin lernte begeistert, sie lernte unglaublich schnell und viel. Und das Großartige war: Der davor antriebslose alte Hund blühte durch das Lernen, das Erarbeiten neuer Aufgaben regelrecht auf. Schon nach kurzer Zeit des Trainings wirkte sie um Jahre jünger, fröhlich und hochmotiviert. Pamina ist siebzehn Jahre alt geworden – und unvergessen.

Ähnliche Ideen wie die vom alten Hund spuken in den Köpfen vieler Menschen herum, wenn es um die Veränderung eigener Gefühlsreaktionen geht. Nervosität, Angst, Erstarrung oder gar Panik können wir scheinbar nicht beeinflussen, schon gar nicht im Erwachsenenalter. Man hat bestimmte Anlagen und man hat bestimmte Dinge erlebt, so denken viele Menschen, und die Reaktionen und Gefühle sind nun eben die Konsequenz daraus.

Tatsächlich war auch die Wissenschaft lange Zeit überzeugt, dass erwachsene Menschen keine „neuen Tricks", also neue Reaktionen lernen können. Es war ein echter Durchbruch der Neurobiologie, die *erfahrungsabhängige Plastizität neuronaler Netzwerke* im Gehirn von Menschen und allen anderen Säugetieren zu entdecken. Inzwischen können Hirnforscher dem Gehirn mit Hilfe von Apparaturen gewissermaßen beim Arbeiten zuzusehen – und kommen zu einem neuen Schluss.

In seinem Buch zur Biologie der Angst berichtet der Hirnforscher *Gerald Hüther*, wie sehr sich die Ansichten der Wissenschaftler in diesem Punkt verändert haben. Die Nervenzellen in unserem Gehirn teilen sich nach der Geburt zwar nicht mehr weiter, sie können sich aber unser Leben lang weiter neu verschalten. (Hüther, 2012)

Jede Erfahrung, die wir machen, wird in den Netzwerken der *Neuronen* (Gehirnzellen), über die Schaltstellen, die *Synapsen* abgespeichert. Die Art, wie Erinnerungen an bestimmte Erfahrungen verschaltet sind, bestimmt darüber, wie wir uns fühlen und wie wir die Welt sehen. Neuroplastizität bedeutet, dass nicht nur lebenslanges Lernen möglich ist, sondern dass auch mit problematischen Gefühlen verbundene Erlebnisse der Vergangenheit durch Veränderung in den Netzwerken entmachtet werden können.

Wir können uns also in jedem Lebensalter „neue Tricks" aneignen, sogar im Hinblick auf Gefühlsreaktionen. Richtig ist, dass sich Gefühle schwer oder gar nicht durch Willenskraft beeinflussen lassen. Wir müssen dazu andere Wege einschlagen, solche, die auf dem Wissen über unser Gehirn beruhen und die unsere Sinne und Gefühle ansprechen.

Dies ist ein Buch für alle, die Hundespaziergänge mit einem flauen Gefühl oder echter Angst antreten, aber auch für alle, die einfach nur die Beziehung zu ihrem Hund weiter intensivieren, ihn noch besser verstehen und unterstützen möchten. Wenn Sie Trainer sind, können Sie etliche der vorgeschlagenen Techniken auch mit Ihren Kunden anwenden. In diesen Fällen finden Sie jeweils nach der Übungs-Beschreibung entsprechende Hinweise.

Ich stelle Ihnen Coachingtechniken vor, die sich bewährt haben, wenn beim Zweibeiner nach Beißvorfällen oder anderen unangenehmen Erfahrungen Unsicherheit oder Angst zurückgeblieben ist. Ich zeige Ihnen „Tricks aus der Psychokiste", die helfen können, mit unterschiedlichen schwierigen Situationen besser umzugehen und die darüber hinaus auch das Miteinander von Mensch und Hund fördern. Mit Ausnahme eines Trainingsvorschlags für die Arbeit mit leinenaggressiven oder anderweitig „reaktiven" Hunden am Ende dieses Buches werden wir dabei bei den menschlichen Gefühlen, Reaktionen und Verhaltensweisen bleiben und nicht die der Hunde analysieren. Zu den Themen Reaktivität, Aggression und Ängstlichkeit beim Hund gibt es reichhaltige Literatur.

Mentales Training mit Hilfe von Coaching- oder Selbstcoachingtechniken anzuwenden heißt andererseits natürlich nicht, dass die Arbeit mit dem Hund überflüssig wäre. Es bedeutet auch nicht, dass der „Leinenrambo" oder der Angsthund sich durch mentales Training seines Menschen automatisch in ein Lämmchen oder einen Ausbund an gelassener Selbstsicherheit verwandelt. Meist aber kommt es auch im Verhalten des Hundes zu einer deutlichen Verbesserung, noch ehe man gezielt daran gearbeitet hat. Schließlich ist es ein offenes Geheimnis, dass sich Gefühle auch zwischenartlich übertragen. In vielen Fällen ist es die Stimmungsübertragung, die eine problematische Wechselwirkung zwischen (Angst-)Aggression beim Hund und Stress und Hilflosigkeit beim Menschen auslöst. Auf diese Weise kommt eine Spirale in Gang, die sich in der Folge immer weiter hochschaukelt. Das mentale Training am anderen Ende der Leine kann diesen Mechanismus unterbrechen. Es kann ihn sogar wirksam stoppen.

Coaching, Mentaltraining, therapeutische Techniken für Hundehalter

Im Coaching von Hundehaltern greife ich auf bewährte Techniken und Formate aus der therapeutischen Praxis zurück. Viele von ihnen stammen aus dem NLPt und dem EMDR.

NLPt bedeutet therapeutisches NLP. NLP, das *Neurolinguistische Programmieren*, ist ein hocheffektives Modell der Veränderung und Entwicklung sowie der Kommunikation. Der unglücklich gewählte Name Neurolinguistisches Programmieren ist ein Überbleibsel aus der Zeit, in der NLP entwickelt wurde. Anfang der 1970er Jahre war der *Behaviorismus* mit seinen Konditionierungstheorien die Hauptrichtung der wissenschaftlichen Psychologie. Für die Behavioristen existierte keine Innenwelt des Menschen – und natürlich erst recht keine solche von Tieren. Es war im Behaviorismus verpönt, Verhalten – auch menschliches Verhalten – über Gedanken, Absichten oder Gefühle zu erklären. Menschen und Tiere wurden als eine Art programmierbarer Maschinen ohne freien Willen gesehen. Auch wenn der dem damaligen Zeitgeist entsprechende unpassende Ausdruck „Programmieren" im Namen auftaucht, sind die Vertreter des NLP diesen Ansichten nie gefolgt. Stattdessen haben sie immer das Potenzial von Menschen betont, die selbstbestimmt nach eigenen Werten und Zielen leben sollten.

Leider ist NLP, diese Sammlung hervorragender Herangehensweisen, auch aus anderen Gründen bei manchen Menschen in Verruf geraten. Hochwirksam, wie die meisten NLP-Techniken nun einmal sind, wurden sie leider auch missbraucht, zum Beispiel in der Wirtschaft, um Menschen zu noch mehr Leistung anzutreiben, im Verkauf und so weiter. Dieser Missbrauch hatte zur Folge, dass inzwischen manche Autoren, die Bücher zum Thema einer wirksamen Selbsthilfe schreiben, verschweigen, dass die darin verwendeten Techniken aus dem NLP stammen. Das möchte ich hier nicht tun, zumal ich denke, dass man nur etwas missbrauchen kann, das wirklich funktioniert.

Von der Wirtschaft missbraucht werden im Übrigen auch die Ergebnisse der Hirnforschung. Neurobiologisches Wissen wird beispielsweise eingesetzt, um Menschen dazu zu bringen, immer noch mehr und möglichst unüberlegt zu kaufen. Das bedeutet aber nicht, dass die neurobiologische Forschung schlecht wäre und aufgegeben werden sollte. Das ständig wachsende Wissen um unser Gehirn (und das von anderen Säugetieren) ist sehr nützlich. Neurobiologische Erkenntnisse helfen uns, nicht nur uns selber, sondern auch unsere Hunde und andere Lebewesen besser zu verstehen. Im Bereich der Psychotherapie stellt neurobiologisches Wissen eine enorme Bereicherung dar. Es hat Therapien der unterschiedlichsten Richtungen deutlich effizienter gemacht. Und es ist die Grundlage aller hier vorgestellten Techniken und Formate.

Das therapeutische NLP ist seit 1999 von der Europäischen Gesellschaft für Psychotherapie (EAP) als vollwertiges psychotherapeutisches Verfahren anerkannt. NLP entspricht fast zu hundert Prozent den Leitregeln für den Therapieprozess. Diese wurden von dem Göttinger Psychologieprofessor und Therapieforscher *Klaus Grawe* als Grundlage einer wirkungsvollen Psychotherapie auf der Basis der neurobiologischen Forschung aufgestellt (Grawe, 2004). In unserem Zusammenhang ist es vor allem wichtig, dass sich viele NLP-Techniken besonders gut für das Selbstcoaching eignen.

EMDR, Eye Movement Desensitiziation and Reprocessing (Desensibilisierung und Neuverarbeitung durch Augenbewegungen) ist eine sehr gut überprüfte Therapieform, die heute weit verbreitet ist. Die Wirksamkeit von EMDR, vor allem in der Therapie traumatisierter Menschen, ist in zahlreichen Studien nachgewiesen. Im Zentrum der EMDR-Therapie steht die abwechselnde Stimulation beider Gehirnhälften durch schnelle Augenbewegungen. Die Methode kann auch jenseits der Traumatherapie eingesetzt werden, um belastende Erfahrungen aller Art aufzulösen.

Nun war sehr viel von Therapie die Rede. Coaching beziehungsweise Selbstcoaching oder auch mentales Training ist keine Therapie. Therapie bedeutet Heilung und setzt eine Störung oder Erkrankung voraus. EMDR als Methode etwa ist eine Form der Psychotherapie, die nur von ausgebildeten Therapeuten durchgeführt werden darf. Wir können allerdings aus dem Gesamtpaket EMDR einige hilfreiche Werkzeuge zur Selbstanwendung herausgreifen. Das ist der Grund, warum EMDR in diesem Buch seinen Platz gefunden hat.

Coaching dient der Erreichung von Zielen. Es vermittelt neue Fähigkeiten und macht solche bewusst, die wir eigentlich längst haben, die aber in Vergessenheit geraten sind. Coaching/Selbstcoaching/Mentaltraining hilft uns, psychische Ressourcen, unsere inneren Kraftquellen, immer besser zu nutzen. Ich verspreche Ihnen keine revolutionären, brandneuen Supermethoden – aber solche, die sich in der Arbeit mit Menschen als hocheffektiv erwiesen haben.

Für das mentale Training am anderen Ende der Leine habe ich bewährte Techniken und Formate zusammengestellt. Ich habe sie zum Teil ein wenig verändert und sie den Bedürfnissen von Hundehaltern angepasst. Fast alle konnte ich auch für die Selbstanwendung nutzbar machen, sodass Sie Ihr eigener Coach sein können.

Oftmals sind die Techniken bei aller Einfachheit erstaunlich wirksam – dabei aber keine Hexerei (schon gar keine Religion). Man muss nicht „daran glauben", um sie anzuwenden. Sie müssen sich auch nicht verändern. Das hier vorgeschlagene Mentaltraining hat einfach nur die Aufgabe, Ihnen das Leben, im Speziellen das Leben mit dem Hund, leichter und angenehmer zu machen. Das einzige, was Sie tun müssen, ist üben.

Sie werden einzelne Formate kennenlernen, die das Potenzial haben, Veränderungen zu bewirken, wenn Sie sie nur ein einziges Mal korrekt durchlaufen. Aber wie der Ausdruck „mentales Training" schon besagt, handelt es sich bei den meisten der vorgestellten Techniken um trainingsintensive Werkzeuge. Wie heißt es so schön: Wunder dauern etwas länger. Und selbst wenn Wunder sogar bei konsequentem Training nur in Ausnahmefällen geschehen – deutliche positive Veränderungen stellen sich recht zuverlässig ein. Und diese wirken auf den Hund zurück.

Drei ungebetene Begleiter beim Hundespaziergang: Angst, Sorge und Stressreaktion

Kommen wir zurück auf Daniela, die Besitzerin des kleinen spanischen Mischlings Benny, der immer wieder von anderen Hunden angegangen, manchmal sogar gebissen wird. Zusammen mit ihrer Hundetrainerin hat Daniela mit Benny ein gründliches Abruftraining absolviert. Der Hund lässt sich inzwischen praktisch aus jeder Situation sicher zu seinem Frauchen rufen. Daher kann er auch viel und oft freilaufen. Daniela hat gelernt, aufmerksam zu sein. Sobald ein anderer Hund sichtbar wird, holt sie Benny zu sich, leint ihn an und nimmt ihn an die von dem anderen Hund abgewandte Seite, um ihm durch „Splitten" Sicherheit zu geben. Wann immer es möglich ist, läuft sie mit dem Hund einen kleinen Bogen, was ebenfalls entlastend wirkt. Ist der entgegenkommende Hund angeleint, gelingt es praktisch immer, Benny problemlos vorbeizuführen. Sogar wenn der andere Hund freiläuft, schafft Daniela es meistens, diesem zu bedeuten, dass er wegbleiben soll, indem sie sich hoch aufgerichtet und bestimmt dazwischen stellt. Danach kann sie mit Benny unbehelligt weitergehen. Ein hervorragendes Ergebnis guten Hundetrainings!

Leider funktioniert das alles nur, wenn die Trainerin dabei ist. Kaum ist Daniela mit Benny allein unterwegs, ist sie wieder besorgt und nervös. Ungute Szenarien, unverhoffte Attacken auf ihren Hund stehen ihr plötzlich wieder vor Augen. Schon beim Losgehen ist ihr mulmig zumute. Sobald unterwegs ein fremder Hund auftaucht, packt sie die Angst und sie steht unter massivem Stress. Statt ihren Benny rechtzeitig ruhig mit einem klaren Signal abzurufen, wie sie es gelernt hat (und ja eigentlich auch kann), wiederholt sie mit schriller Stimme immer wieder seinen Namen. Aufgeregt läuft sie ihm hinterher und tut all das, was in so einer Situation kontraproduktiv ist. Sowie Daniela allein ist, führt die Angst wieder Regie beim Spaziergang.

Natürlich kommt es auch vor, dass Angst Menschen über sich selbst hinauswachsen lässt. Manchmal, wenn die Angst in einer bestimmten Situation sich zur Panik steigert, verleiht sie dem Menschen mit einem Mal ungeahnte Kräfte und Kompetenzen. Das ist jedoch die Ausnahme. In der Regel bewirkt Angst, dass wir plötzlich keinen Zugriff mehr auf unsere Fähigkeiten haben – und genau das ist es, was hier mit Daniela und mit unzähligen anderen Menschen jeden Tag passiert. Dabei ist Angst eigentlich gar kein „negatives" Gefühl, zumindest nicht von vorneherein.

Grundsätzlich ist Angst lebenswichtig. Sie schützt Lebewesen davor, Dinge zu tun, die ihnen schaden würden. Angst ist ein Urgefühl. Es war bereits in grauer Vorzeit für unsere Vorfahren außerordentlich wichtig, Angst zu empfinden – vor dem vielzitierten Säbelzahntiger zum Beispiel.

Andererseits können den einen oder anderen von uns aber auch Dinge wie der Anblick einer kleinen, garantiert harmlose Spinne oder einer Maus in Angst und Schrecken versetzen, ein anderer wieder verfällt bei der Aussicht, vor einer größeren Anzahl von Menschen sprechen zu müssen in Panik (wobei einen die Zuhörer doch wohl kaum anfallen oder zum Frühstück verspeisen wollen).

Säbelzahntiger, Spinne, Maus oder Präsentation – das Problem ist: Die Angst unterscheidet nicht zwischen wirklich bedrohlichen Situationen und solchen, die unser Gehirn – meist aufgrund einschlägiger Vorerfahrungen – lediglich als gefährlich einstuft. Die Angst macht daher auch keinen Unterschied zwischen Situationen, in denen sie uns wirksam schützt und solchen, in denen sie uns behindert. Problematisch werden Ängste also immer dann, wenn sie nicht dazu dienen, reale Gefahren abzuwenden. In der Psychologie sprechen wir dann von *dysfunktionaler Angst.*

Auch die Sorge hat wichtige und positive Funktionen – und zugleich nicht zu unterschätzende Risiken und Nebenwirkungen. Zunächst einmal soll uns die Sorge dazu bringen, vorzusorgen. Wenn Sie zum Beispiel bemerken, dass Ihr Hund lustlos wirkt und schlecht frisst, wenn Sie sich deshalb Sorgen machen, ihn zum Tierarzt bringen, der ihm schließlich helfen kann – dann ist Sorge etwas sehr Hilfreiches und Gutes.

Allerdings vermittelt uns die Sorge oft ein Gefühl, das uns prompt in die Irre führt: Sie gaukelt uns vor, wir könnten etwas bewirken oder etwas verhindern, einfach nur, indem wir uns sorgen. Wenn sich jemand zum Beispiel über seinen Kontostand Sorgen macht, bewirkt das genauso wenig, dass das Konto sich füllt, wie etwa die Sorge zu erkranken dazu führt, dass man gesund bleibt. Wenn wir uns Sorgen machen, dass es beim bevorstehenden Spaziergang mit einem anderen Hund „Zoff" geben könnte, wird diese Sorge nicht verhindern, dass genau das passiert – im Gegenteil. Die Dauerbesorgtheit versetzt uns den ganzen Weg über in einen Zustand von anhaltendem Stress mit allen negativen Auswirkungen. Sorgen, die uns nicht dazu bringen, vernünftige Maßnahmen gegen das Befürchtete zu treffen, schaden uns nur.

Sorgen haben außerdem die Tendenz, sich zu verselbständigen. Sie können nämlich Angst regelrecht „übertünchen". Das heißt, solange wir besorgt sind, spüren wir die eigentliche, die „nackte" Angst nicht so sehr. Das hat aber eine ähnliche Wirkung wie ein Deckel auf einem Topf mit einer kochenden Flüssigkeit. Es wird unter dem Deckel noch heftiger brodeln und irgendwann, je nach Beschaffenheit von Topf, Wärmequelle und Flüssigkeit, kocht es einfach über.

Es mag paradox wirken, ist aber eine Tatsache: Unser inneres Belohnungssystem schüttet tatsächlich belohnende Botenstoffe aus, wenn wir uns sorgen! Sorgen haben aufgrund der belohnenden Wirkung allen Ernstes ein gewisses Suchtpotenzial. Das Sorgenmachen kann in der Folge zur chronischen Besorgtheit führen. Das wiederum ist ein Zustand, der Menschen konstant auf einem hohen Stresslevel hält.

Angst und ihre kleine Schwester, die Sorge, sind Gefühle. Stress hingegen ist der körperliche Zustand, der mit diesen Gefühlszuständen einhergeht: Sobald wir einen angstauslösenden Reiz wahrnehmen, beschleunigt sich unsere Atmung, um den Körper mit ausreichend Sauerstoff zu versorgen. Es werden erhöhte Mengen Noradrenalin, Adrenalin und schließlich auch Cortisol ausgeschüttet. Der Körper mobilisiert die letzten Reserven, um die bedrohliche Situation zu überstehen. Die gesamte Aufmerksamkeit wird gebündelt und auf die Bedrohung ausgerichtet – der sogenannte Tunnelblick stellt sich ein. Das gesamte System bereitet sich auf Kampf oder Flucht vor.

Da aber in problematischen Situationen mit dem Hund weder Davonrennen noch Kämpfen angesagt ist, behindert uns die Stressreaktion. Hat der Körper keine Chance, die Aktivierung abzubauen, bleibt der Tunnelblick erhalten. Das schränkt unsere Handlungsfähigkeit ein, wir können nicht mehr adäquat reagieren. Die Stressreaktion des Zweibeiners signalisiert dem Hund, dass eine ernsthafte Gefahr droht – was bei ihm genau die Reaktionen verstärkt, die wir nicht wollen (Bellen, Drohen, Schnappen usw.). Und natürlich treten Stressreaktionen mit all ihren problematischen Auswirkungen ausgerechnet in Situationen auf, in denen konzentrierte Gelassenheit uns selber und dem Hund am besten weiterhelfen würde.

Wie stark eine Stressreaktion ausfällt und vor allem, wie sie sich auswirkt, hängt von vielen unterschiedlichen Faktoren ab. Die Stärke und Einwirkungsdauer der Stressoren spielen eine große Rolle, aber auch Vorerfahrungen und genetische Gegebenheiten. Ganz besonders aber entscheidet ein Punkt, den wir glücklicherweise beeinflussen können, darüber, ob die Stressreaktion schädlich und belastend ausfällt oder nicht: Es kommt darauf an, wie wir eine Situation einschätzen.

Meinen wir, nichts tun zu können, um die Bedrohung abzuwenden oder abzumildern, sprechen wir von *unkontrollierbarem Stress*. Wir fühlen uns ausgeliefert. Und natürlich gibt es Situationen, in denen wir das auch tatsächlich sind. Der Klassiker: Jemand hält uns eine Pistole an die Schläfe. Unkontrollierbarer Stress ist immer „harter Stress". Er ist schädlich, gefährlich, und wir haben Unmengen von Cortisol im Körper – was der Hund sofort riecht und was ihm signalisiert, dass die Situation extrem bedrohlich ist.

Halten wir uns in einer Situation hingegen für handlungsfähig, bezeichnen wir die Stressreaktion als *kontrollierbaren Stress*. Dieser macht wach, handlungs- und lernfähig. Wir erleben die Situation dann als Herausforderung. Lebewesen, die immer wieder mit dieser Art von Stresssituationen konfrontiert sind, verfügen über ein besonders effizientes Gehirn und entwickeln eine gute Resistenz gegen schädlichen Stress.

In dem bereits erwähnten Buch *Biologie der Angst* erklärt Gerald Hüther, welche wichtige Rolle die Stressreaktion für die Evolution spielt. Die Stressreaktion trat in der gesamten Geschichte der Lebewesen immer dann ein, wenn sich dauerhafte Veränderungen (Klimaveränderung, Ressourcenknappheit ...) in der äußeren Umgebung ergaben. War es Vertretern einer bestimmten Art nicht möglich, adäquat zu reagieren, weil die entsprechenden Verschaltungen im Gehirn noch nicht angelegt waren, wurde die Notfallreaktion (die Stressreaktion) zur Dauerreaktion. Immer mehr Nachkommen der entsprechenden Art gingen an den Folgen von Dauerstress zugrunde, da dieser die körpereigenen Abwehrkräfte zerstört. Auch die Fortpflanzung war nicht mehr gewährleistet, weil Dauerstress darüber hinaus auch zu Unfruchtbarkeit führt. Damit war das Untergangsszenario vorprogrammiert – es sei denn, die entsprechenden Lebewesen fanden einen Weg, die im Gehirn ausgelöste Stressreaktion kontrollierbar zu machen. Dieses konnte nur durch die erweiterten und flexibler gewordenen Verschaltungen im Gehirn geschehen. Letztlich stehen also hinter dem großen, komplexen und lernfähigen Gehirn, über das wir Menschen und hochentwickelte Tiere verfügen, unentwegte Versuche, die den ganzen Körper erfassenden Stressreaktion kontrollierbar zu machen (Hüther, 2012).

Hier schließt sich der Kreis. Hinter der Entwicklung unserer flexiblen und effizienten Gehirne steht als Ausgangspunkt die Stressreaktion. Andersherum ermöglicht uns das hochflexible Gehirn auch weiterhin, unkontrollierbare Stressreaktionen in kontrollierbare zu verwandeln. Gelingt es uns immer wieder, schwierige Situationen als bewältigbar einzustufen, sie als Herausforderung zu betrachten, statt sie als Bedrohung zu empfinden, erleben wir jedes Mal, dass wir etwas bewirken können. In der Psychologie sprechen wir von der *Selbstwirksamkeitserfahrung*.

Selbstwirksamkeit ist die Erfahrung, die Lebewesen stark macht und die sogar psychische Verletzungen heilen kann. Viele therapeutische Vorgehensweisen und Coachingtechniken haben das Ziel, unkontrollierbaren Stress in kontrollierbaren zu verwandeln. Damit erlangt der Klient ein Stück Selbstwirksamkeit zurück und die Selbstheilungsprozesse setzen ein.

Menschen unternehmen alles Mögliche, um mit Ängsten und Stresszuständen fertigzuwerden. Die beliebte Aufforderung „Reiß dich doch zusammen!" allerdings ist nicht sehr hilfreich. Auch eigene Versuche, sich irgendwie abzulenken oder gar die Angst zu unterdrücken werden immer nur mangelhaft oder gar nicht funktionieren: Mit Willenskraft allein können wir Angst und andere Gefühle, die wir nicht wollen, nur sehr beschränkt oder gar nicht abschalten. Das Gefühlszentrum im Gehirn spielt nämlich die erste Geige, wenn es um die Bewertung von Situationen geht, die für Rationalität und Willenskraft zuständige Großhirnrinde nur die zweite.

Dagegen hilft es ein gutes Stück weiter, den Gefühlen Raum zu geben, auch den unerwünschten, sie bewusst wahrzunehmen und sie anzusprechen. Hier ist eine erste kleine Übung für Sie. Wenden Sie sie unmittelbar vor einer Situation an, die ein mulmiges oder schlechtes Gefühl bei Ihnen auslöst, also zum Beispiel vor dem Hundespaziergang, wenn dieser für Sie angstbesetzt ist.

Hallo, Angst

- Nehmen Sie Ihre Angst (Sorge, Nervosität ...) bewusst wahr. Scannen Sie in Gedanken Ihren Körper ab: Wo in Ihrem Körper spüren Sie die Angst am deutlichsten? Legen Sie Ihre Hand auf die betreffende Körperstelle.

- Machen Sie sich klar, dass die Angst, mag sie in dieser Situation noch so unerwünscht und hinderlich sein, *eigentlich*, das heißt von Natur aus, eine positive Funktion hat, nämlich die, Sie zu schützen.

- Begrüßen Sie die Angst: „Hallo, Angst, da bist du ja wieder!" Geben Sie ihr Raum. Es ist in Ordnung, dass sie da ist.

- Stellen Sie sich die mit der Angst verbundene Situation wie einen Tunnel vor – oder auch wie eine Nebelwand, durch den/die Sie einfach hindurchgehen. Lassen Sie Ihren Blick nach vorne gerichtet, wo Sie bereits Licht durchschimmern sehen. Atmen Sie dabei tief und ruhig ein und aus und gehen Sie auf das Helle zu.

Je öfter Sie die Übung anwenden, desto wirksamer ist sie. Nach konsequentem Training funktioniert sie auch spontan und direkt in angstauslösenden Situationen und nimmt ihnen ihren Schrecken.

Wenn es passiert ist: Beißvorfälle und andere schwierige Situationen

Von traumatisierenden/belastenden Erfahrungen und einem ganz berühmten Hund

Der eigene Hund wurde also gebissen. Oder er hat einen Artgenossen gebissen oder auch einen Menschen in irgendeiner Form angegangen. Möglicherweise hat sich das Problem schon angekündigt, ist lange als Bedrohung über dem Herrchen oder Frauchen geschwebt. Vielleicht ist es aber auch aus heiterem Himmel passiert, völlig überraschend. Seither ist die Angst der ständige Begleiter auf allen Gassigängen. Haben wir es hier mit einer Traumatisierung zu tun? Die Frage ist gar nicht so einfach zu beantworten.

Die meisten Fachleute sind der Meinung, dass der Traumabegriff in unserer Zeit inflationär gebraucht wird. Dieser Einwand besteht zu Recht. Nicht jede psychische Verletzung ist gleich ein Trauma. Unter einem *Psychotrauma* versteht man eine psychische oder nervliche Schädigung aufgrund so massiv einwirkender psychischer Belastungen, dass diese nicht mehr bewältigt werden können. Das ruft in der Folge eine anhaltende Störung des seelischen Gleichgewichts hervor.

Von einer *Traumatisierung* spricht man in der Psychologie in der Regel dann, wenn das auslösende Ereignis das Ausmaß einer Katastrophe hat, sodass es bei fast jedem Menschen eine tiefe Verzweiflung hervorrufen würde. Als Beispiele werden oft genannt: schwere Unfälle, Vergewaltigung, Misshandlung, Missbrauch, Folter, Kampfeinsätze, den gewaltsamen Tod eines anderen Menschen mitansehen zu müssen, Naturkatastrophen oder anderes schweres Unheil.

Die Folge einer solchen schweren Traumatisierung ist in vielen Fällen eine *posttraumatische Belastungsstörung (PTBS)*. Dabei treten Symptome wie *Flashbacks* (der Betreffende wird immer wieder blitzartig in die traumatisierende Situation zurückversetzt), zwanghaft wiederkehrende Gedanken, Schlafstörungen, Alpträume, Übererregtheit und/oder totaler Rückzug. Die Gedanken an das Ereignis lassen den PTBS-Patienten nicht los, obwohl jeder Kontakt mit allem, was daran erinnern könnte, konsequent vermieden wird.

Für schwere Traumatisierungsfolgen sind Mentaltraining und Coachingtechniken nicht gedacht. Posttraumatische Belastungsstörungen und andere Beeinträchtigungen durch massive Traumatisierung gehören in die Hände von psychotherapeutischen Fachleuten. Mentales Training wird in dem Fall idealerweise im Anschluss an eine Therapie zur Unterstützung und Festigung der Ergebnisse eingesetzt.

Zum Glück wird eine so heftige Störung eher selten durch ein ungutes Ereignis mit dem Hund ausgelöst. Aber auch, wenn wegen eines Vorfalls wie etwa einer Hundebeißerei in der Regel nicht gleich das gesamte seelische Gleichgewicht des Frauchens oder Herrchens aus den Fugen gerät, bleibt oft etwas zurück: Unsicherheit, Angst, und/oder ein Gefühl von Hilflosigkeit. Sprechen wir in diesen Fällen doch einfach von *belastenden Erfahrungen*. Wie aber kommt es zu der Hartnäckigkeit, mit der sich solche Erlebnisse dauerhaft auswirken können?

Alles, was wir durch unsere Sinne wahrnehmen, gelangt über den *Thalamus*, den „Pförtner" des Zentralnervensystems, in die verschlungenen Netzwerke des Gehirns. Dabei nimmt das Gefühlszentrum (die *Mandelkerne* oder *Amygdala*, aber auch der *Hippocampus*) eine Vormachtstellung ein. Das Gefühlszentrum ist so etwas wie der emotionale Wächter des Gehirns, der in jedem Fall vor der *Hirnrinde*, dem denkenden Gehirn, reagiert. Über ein zusätzliches Signal zur Hirnrinde werden Verbindungen zu den Erinnerungsnetzwerken hergestellt. Das ermöglicht uns, das Wahrgenommene einzuordnen und zu verstehen. Die Botschaft wird dort analysiert, auf ihre Bedeutung und die Angemessenheit von Reaktionen eingeschätzt.

Allerdings gibt es auch Speichervorgänge, bei denen die Botschaften unserer Sinne vom Thalamus ins Gefühlszentrum gelangen, ohne dass der analytische Teil des Gehirns einbezogen würde. Das ist zum Beispiel in Situationen der Fall, die den Körper veranlassen, zu kämpfen oder zu fliehen.

Diese stark emotionsgeladenen Erfahrungen werden daher oftmals nicht in die generellen Erinnerungsnetzwerke integriert, sondern vom Informationsverarbeitungssystem isoliert abgespeichert. Sie verknüpfen sich nicht mit Erfahrungen, die es möglich machen würden, das belastende Ereignis angemessen zu verarbeiten. Sie werden besonders nachhaltig registriert und aktivieren immer wieder dieselben Alarmsysteme im Körper. Das ist nicht nur bei schweren Traumata der Fall, sondern bei jeder belastenden Erfahrung, die Nachwirkungen zeigt.

Was aber hat das alles mit einem berühmten Hund zu tun, und von welchem berühmten Hund soll hier die Rede sein? Ich traue es mich kaum zu sagen, beziehungsweise aufzuschreiben: Wieder einmal geht es um den *Pawlowschen Hund*, der so viel zitiert wird, dass ich seine Geschichte an dieser Stelle nicht noch einmal aufrollen möchte. Nur so viel: An ihm entdeckte *I. P. Pawlow* den Prozess der *klassischen Konditionierung*. Die klassische Konditionierung ist ein Lernprozess, der am Bewusstsein vorbeigeht. Sie beschreibt und erklärt eine Form des Lernens über die Bildung *bedingter Reflexe oder Reaktionen*. Bei einer klassischen Konditionierung bekommt ein bestimmter Reiz (der davor eher neutral war) für ein Lebewesen eine Bedeutung, auf die es mit einem veränderten Zustand reagiert (bei Pawlows Versuchshunden war das vermehrter Speichelfluss als Vorbereitung der Nahrungsaufnahme, der auch eintrat, wenn nur die Glocke geläutet und kein Futter verabreicht wurde). Was Pawlow allerdings noch nicht wissen konnte: Die klassische Konditionierung löst nicht nur solche einfachen physiologischen Reaktionen aus, sondern auch solche im Bereich der Neurotransmitter und Hormone. Bei negativen klassischen Konditionierungen fluten Stresshormone den Körper, bei positiven werden große Mengen des Belohnungstransmitters Dopamin ausgeschüttet. Dopamin macht glücklich. Damit sind wir im Bereich der Gefühle.

Zu Pawlows Zeit (er lebte 1849 bis 1936) war es in der Psychologie absolut verpönt, über Gefühle zu sprechen. Man glaubte an die scheinbar objektive Methode. Alles Verhalten wurde auf Reiz und Reaktion reduziert. Gefühle interessierten nicht, nicht im wissenschaftlichen Zusammenhang.

Es war das Verdienst nachfolgender Wissenschaftler wie Joseph LeDoux (*1949) und vor allem des Neurologen und Hirnforschers Antonio Damasio (*1944), den Gefühlen ihren Platz in der Wissenschaft zurückzuerobern. So hat Damasio den Vorgang der emotionalen Markierung entdeckt, erforscht und den Begriff des *somatischen Markes* geprägt (Damasio, 4. Aufl. 2006). Dieser besagt, dass unsere Erfahrungen mit Körperempfindungen einhergehen und so im emotionalen Gedächtnis abgelegt werden. Gute Erfahrungen werden mit angenehmen Empfindungen markiert, schlechte mit unangenehmen.

Heute wissen wir: eine klassische Konditionierung ruft nicht nur einen bestimmten physiologischen Zustand hervor, sondern auch einen bestimmten emotionalen Zustand.

Eine klassische Konditionierung kommt entweder durch Wiederholung eines Vorgangs zustande, der mit deutlichen Emotionen verbunden ist (beim Pawlowschen Hund war das die Vorfreude auf das Futter), oder durch eine Erfahrung, die ein Mensch oder ein Tier im Zustand höchster Emotionalität macht. Hier braucht es fast keine oder gar keine Wiederholung, damit die Konditionierung „sitzt". So kann eine Beißerei, in die der eigene Hund verwickelt ist, einen Hundehalter so sehr in Panik versetzen, dass der Anblick eines entgegenkommenden Hundes zu einem sogenannten beding-

ten Reiz geworden ist. In der Folge lösen Hundebegegnungen so gut wie immer Ängste und Stressreaktionen aus.

Lassen wir nun aber den viel strapazierten Pawlowschen Hund beiseite und sehen uns stattdessen die Reaktion einer jungen Frau an. Nennen wir sie Sabine. Sabines Aussiehündin Trixi rastet jedes Mal aus, wenn ihnen die Boxerdame Luna begegnet. Wenn Trixi Luna wütend anbellt, reagiert Sabine mit Stress (logisch!). Nach einigen Wiederholungen dieser Erfahrung genügt der Anblick von Luna, um bei Sabine eine Stressreaktion auszulösen. Schließlich reicht schon die bloße Vorstellung, man könnte Luna begegnen, und Sabines Herz beginnt zu rasen. Die Stressreaktion ist nun klassisch konditioniert.

Der Prozess der klassischen Konditionierung erklärt, warum uns Erlebnisse stark nachhängen. Und er erklärt, warum wir den auf diesem Weg erworbenen Gefühlen und Reaktionen nicht mit Hilfe des Verstandes und/oder der Willenskraft beikommen können. Zum Glück gibt es bessere Wege, nämlich solche, die sich direkt an die Gefühlszentren wenden.

2. Hilfe, mein Hund durchschaut mich!

Stimmungsübertragung und
das Geheimnis der Spiegelneurone

Vor vielen Jahren teilte ich mein Leben mit einem Cockerrüden namens Pascha. Pascha kam aus dem Tierheim. Er hatte große Angst vor dem Tierarzt. So verschwand er schon in seinem Lieblingsversteck unter einer niedrigen Sitzbank, wenn ich nur mit der Leine um die Ecke kam, um ihn zum Tierarzt zu bringen. Dabei liebte er Spaziergänge über alles und kam normalerweise freudig angerannt, wenn ich nach Geschirr und Leine griff. Wie konnte er wissen, dass es nicht aufs Feld oder in den Wald ging, wenn ich doch vor dem Tierarztbesuch überhaupt nichts anders machte als vor einem Spaziergang?

Die beiden Hündinnen, die jetzt mein Leben teilen, lieben unsere Tierärztin und besuchen sie sehr gerne. Da brauche ich also (zum Glück!) andere Beobachtungssituationen. Mein persönlicher liebster „Forschungsplatz" ist und bleibt der Schreibtisch, an dem ich arbeite. Lagottohündin Pippa liegt zu meinen Füßen unter dem Schreibtisch auf ihrer Hundematratze, das kleine Julchen neben mir in ihrem Körbchen. Was passiert, wenn ich die Arbeit unterbreche und aufstehe? Nichts – solange ich nur aufstehe, um ein Buch vom Regal oder ein Getränk aus der Küche zu holen. Die Hunde bleiben liegen. Wie aber wissen sie, dass es sich nicht lohnt aufzustehen, weil nichts Interessantes passiert (Frauchen wird gleich zurückkommen, sich wieder an den Schreibtisch setzen und weiterarbeiten)? Und wie können sie wissen, dass ich ein anderes Mal aber aufgestanden bin, um ihnen einen Kauknochen zu holen? Nun sitzen nämlich beide auf ihren Plätzen und schauen mich erwartungsvoll an.

Wie weiß Pippa morgens, dass ich gleich aufwachen werde? Sie schläft im Schlafzimmer, aber in einem eigenen Körbchen. Nein, ich glaube nicht, dass ich vor dem Aufwachen grunze oder irgendwelche anderen deutlichen Zeichen von mir gebe (subtile Zeichen natürlich schon). Sobald ich in der Früh die Augen öffne, blicke ich in ein erwartungsvolles Hundegesicht. Pippa, die bisher selber fest geschlafen hat, steht vor meinem Bett und schaut mich an. Guten Morgen!

Ich kann Ihnen nur empfehlen, sich immer wieder auf solche Alltagsbeobachtungen oder auch auf kleine Experimente einzulassen. Es wird Ihnen gehen wie mir – Sie werden von der unglaublichen Wahrnehmungsfähigkeit Ihres Hundes fasziniert sein.

Unsere Hunde lesen die Signale unseres Körpers, auch jene, die so subtil sind, dass wir sie selber nicht wahrnehmen. Vermutlich könnten wir sie in vielen Fällen nicht einmal dann identifizieren, wenn wir uns selber auf ein Video aufnehmen lassen und dieses dann ansehen. Hinter diesen fast magisch wirkenden Fähigkeiten stecken dieselben kleinen Wunderzellen im Gehirn, die auch dafür zuständig sind, dass wir uns durch das Lachen oder Gähnen anderer anstecken lassen – die Spiegelneurone, die wunderbarerweise nicht nur innerartlich, sondern auch zwischenartlich funktionieren.

Apropos Gähnen: Vielleicht gähnt Ihr Hund ja gelegentlich mit Ihnen? Aber bitte Vorsicht: Seit in der Hundeszene die Übertragung von Stimmungen und Gefühlen ins Zentrum der Aufmerksamkeit gerückt ist, versuchen Hundehalter oftmals „Gähnexperimente" als „Bindungstest" einzusetzen. Das kann in die Irre führen. Lässt sich Ihr Hund nicht durch Ihr Gähnen anstecken, ziehen Sie daraus bitte nicht den Schluss, es stimme etwas mit der Bindung zwischen Ihnen nicht. Dies wäre nämlich nicht nur verhängnisvoll, sondern es ist auch schlicht falsch. Richtig ist, dass Ihr Hund eher mitgähnen wird, wenn die Beziehung zwischen Ihnen tief und vertrauensvoll ist. Allerdings muss nicht jeder sicher gebundene Hund jedes Mal mit Ihnen zusammen gähnen – wie so oft funktioniert der Umkehrschluss auch hier nicht.

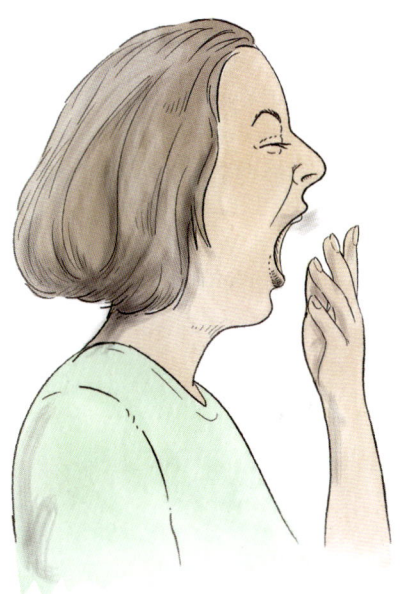

Spiegelneurone

Als die Spiegelneurone entdeckt und erforscht wurden, hatte man endlich eine neurobiologische Erklärung dafür gefunden, wie sich Empfindungen, Stimmungen und Gefühle von Mensch zu Mensch, aber auch zwischen Menschen und Tieren übertragen. Entdeckt wurden diese erstaunlichen Gehirnzellen an einem Affen (einem Tieraffen, der die Handlung eines Menschen spiegelte, keinem Menschenaffen!). Man fand heraus, dass die Spiegelnervenzellen beim Beobachten einer Handlung wie ein innerer Simulator agieren. Die Spiegelung passiert spontan, unbewusst und ohne intellektuelle Wertung. Die innere Simulation bewirkt, dass der Beobachter die Handlung so erlebt, als würde er sie selbst durchführen – mit allen dazugehörigen Körpergefühlen und Emotionen.

Das bedeutet, dass wir Handlungen anderer innerlich mitvollziehen und Gefühle anderer mitempfinden können. Es sind die Spiegelnervenzellen, die das kleine Baby zurücklächeln lassen, wenn es die Mutter anlächelt. Spiegelneurone sorgen dafür, dass wir uns von der Fröhlichkeit oder von der Traurigkeit anderer anstecken lassen, dass wir bei Wettkämpfen mit Sportlern mitfiebern und bei traurigen Filmszenen weinen.

Da das Spiegelsystem auch zwischenartlich funktioniert, könnten wir eventuell auch mit Hilfe der Spiegelneurone erklären, warum uns Tiere oft beruhigen können, einfach durch ihre Anwesenheit, oder warum sich unsere Stimmung durch den Umgang mit einem Tier verbessern kann. Umgekehrt spiegeln Tiere auch das Verhalten ihres Menschen. Leider sind nicht nur schöne Gefühle wie Glück, Freude oder Zärtlichkeit ansteckend, sondern auch Nervosität, Wut, Angst und Panik.

Kaum hatte sich die erste Welle der Euphorie über die Entdeckung der Spiegelneurone in der wissenschaftlichen Welt ausgebreitet, als auch schon die Kritiker auf den Plan traten. Spiegelneurone würden total überschätzt, meinten viele, und der ganze Hype um die Spiegelnervenzellen sei gar nicht gerechtfertigt. Dies ist allerdings ein ganz normaler Vorgang in der Wissenschaftsszene: Kaum gibt es eine neue Entdeckung, schon stehen die Kritiker auf dem Plan. Zudem haben einige Spiegelneuronenforscher im Rausch der Begeisterung wohl wirklich etwas übertrieben, als sie meinten, Spiegelneurone seien auch für Sprache und Kultur des Menschen verantwortlich. Diese Ableitung ist möglicherweise wirklich recht weit hergeholt. Sie muss uns ja aber nicht weiter irritieren. In unserem Zusammenhang sind nur die Bereiche wichtig, die sehr gut erforscht sind: Spiegelneurone sind die neurobiologische Grundlage der Empathie und der sozialen Intuition. Sie ermöglichen das Erleben von emotionaler Resonanz. Durch die Entdeckung der Spiegelneurone lässt sich erklären, wie sich Gefühle von einem zum anderen Lebewesen übertragen.

Was Hunden noch hilft, in Menschen zu lesen wie in offenen Büchern und warum sie darin einfach besser sind als wir

Warum aber scheint es so zu sein, dass unsere Hunde (und andere Tiere) sogar noch stärker auf unsere Gefühle reagieren als wir auf die ihren? Warum durchschauen sie uns um Klassen besser als wir sie?

Spiegelneurone erkennen nicht nur sehr offensichtliche Ausdruckssignale anderer wie beispielsweise das Lächeln oder das Gähnen, sondern, wie wir gesehen haben, auch sehr subtile. Ihre Funktion beruht auf sinnlichen Wahrnehmungen – auch wenn diese oftmals gar nicht bewusst sind – und genau an diesem Punkt sind uns unsere Hunde in vieler Hinsicht überlegen. Sie nehmen nicht nur die Feinheiten unseres Ausdrucksverhaltens sehr intensiv wahr, sondern die ihrer gesamten Umgebung.

So verblüfft uns unsere kleine Jule immer wieder auf unseren Morgenspaziergängen. Als echter Jack Russell Terrier ist sie ganz verrückt darauf, die beiden Bisamratten anzutreffen, die sich in einem kleinen Bach in unserer Nähe angesiedelt haben. Manchmal sehen wir sie, manchmal nicht. Wie aber weiß die kleine Hündin schon gute fünfzig Meter, bevor wir den Bach erreichen, ob die beiden heute da sein werden, und wenn ja, ob sie sich auf der linken oder auf der rechten Straßenseite aufhalten? Julchen hat fast immer recht – und wir staunen. Und wie weiß unsere Pippa, wann abends unsere Katze Pauline auf dem Heimweg ist, noch lange bevor wir sie sehen oder hören können?

Was subtile Wahrnehmungen betrifft, sind Hunde einfach besser als wir. Allerdings nehmen auch wir Menschen sehr viel mehr wahr, als uns bewusst ist. Unser Gehirn speichert Sinneseindrücke, die es als „momentan nicht so wichtig" einordnet, trotzdem ab – im unbewussten Teil unserer Psyche, wo sie zunächst verborgen bleiben. Außerdem neigen wir Zweibeiner dazu, Wahrnehmungen, die uns bewusst werden, sofort zu interpretieren. In unserem Kopf rattern die Erklärungen los, was das Wahrgenommene zu bedeuten habe – und wir ordnen es damit leicht in die falsche Schublade ein. In der Regel glauben wir dann auch unerschütterlich an die Geschichten, die wir uns selbst erzählen. In dem Buch *Wer denken will, muss fühlen* habe ich mich ausführlich mit diesen Themen auseinandergesetzt (Beck, 2010).

Ein Erlebnis aus meiner noch sehr aktiven Musikerzeit hat mir das Phänomen mit der falschen Schublade eindrucksvoll verdeutlicht. Ich war damals Mitglied eines Jazz-Ensembles, bestehend aus vier Sängern und drei Musikern. Eines Tages hatten wir einen Auftritt bei einer Vernissage. Das war nun eine ganz andere Situation als die auf der Bühne. Von der Bühne aus konnten wir im abgedunkelten Zuhörer-Raum normalerweise allenfalls die ersten Reihen sehen, und auch das nur schemenhaft. Jetzt fanden wir uns auf einmal mit dem Publikum auf gleicher Höhe und nicht zu großem Abstand wieder – Aug in Aug mit den Zuhörern.

Direkt vor uns standen zwei Männer, ein älterer und ein jüngerer. Während der gesamten Darbietung flüsterte der Jüngere dem Älteren andauernd irgendetwas ins Ohr. Die beiden zogen unsere Blicke magisch an. Ich merkte, dass sie nicht nur mich, sondern auch meine drei Sänger-Kollegen ziemlich aus der Fassung brachten. Anschließend, in unserer Garderobe, schimpften wir entsprechend über die „zwei Deppen". Die hätten sich doch wirklich nicht genau vor uns hinstellen müssen, wenn sie meckern wollten, da waren wir uns einig. Schließlich konnte man doch einfach zu gehen, wenn es einem nicht gefiel… Während wir noch mit Schimpfen beschäftigt waren, kam der Ältere der beiden „Deppen" herein. Er sagte, sein Freund sei Opernsänger. Er hätte ihm während unseres Auftritts immer wieder zugeflüstert, wie beeindruckt er von unserer Darbietung gewesen sei. Dieses große Kompliment hat uns unglaublich gefreut, aber ich fürchte, wir alle hatten rote Köpfe.

Anders als wir interpretieren Tiere ihre Wahrnehmungen nicht. Sie nehmen die Ausdruckssignale anderer Lebewesen unmittelbarer auf und können daher ohne Irritation direkt auf diese reagieren. Meister in der Kunst des Menschenlesens war der Kluge Hans, ein Hengst, der vor dem Ersten Weltkrieg in Berlin die damalige Wissenschaftswelt in Aufruhr versetzte, weil er scheinbar die kompliziertesten Rechenaufgaben lösen konnte. Nun, rechnen konnte Hans zwar nicht, aber seine Fähigkeiten, subtilste Veränderungen in der Körpersprache von Menschen zu lesen, waren phänomenal.

Dazu kommt beim Hund seine extrem feine Nase. Natürlich – wir wissen um den ausgeprägten Geruchssinn des Hundes. Aber bleibt es nicht erstaunlich, wie ein Wunder beinahe, was unsere Vierbeiner leisten, wenn wir einfach nur genau hinsehen? Wie unglaublich schnell spüren unsere Hunde doch Apportierseile oder Futterbeutel auf, die wir auf unserem großen Grundstück sorgfältig versteckt haben? Mit hoch erhobenem Kopf stürmen Sie aus dem Haus, wenn wir die Suche eröffnen und kommen gleich darauf mit dem Apportel angerannt.

Der unglaubliche Geruchssinn des Hundes spielt auch beim Wahrnehmen menschlicher Gefühle eine bedeutende Rolle. Emotionen, die mit starken Stressreaktionen einhergehen, führen bei Mensch und Tier zur Ausschüttung des Stresshormons Cortisol mit seinem ganz eigenen „Duft". Zwar können auch wir Menschen Cortisol riechen, aber erst, wenn die Stressreaktion sehr heftig ist. Hunden genügt eine minimale Cortisol-Ausdünstung, um die Stressreaktion des Menschen zu identifizieren. Sie können es also nicht nur an unserer Haltung, unseren Atemmustern und unseren Bewegungen sehen oder auch an dem Klang unserer Stimme hören, wenn wir unter Stress stehen – sie riechen es auch. Und sobald ein Hund Cortisol riecht, wittert er Gefahr.

Ehe wir uns mit den Werkzeugen auseinandersetzen, die unkontrollierbaren Stress mit seinen starken Cortisol-Ausschüttungen in kontrollierbaren verwandeln können (in Herausforderungen also), möchte ich Sie zu einer kleinen Bestandsaufnahme einladen.

Bestandsaufnahme: Problem und Ziel

• **Belastende Erlebnisse – Hund**

Wissen Sie um eine oder mehrere belastende Erfahrung/en, die Ihr Hund gemacht hat und die zu einem unerwünschten/problematischen Verhalten geführt hat/haben? Wenn ja, welche waren das?

....

....

....

....

• **Belastende Erfahrung – Mensch**

Haben Sie selber im Zusammenhang mit dem unerwünschten Verhalten des Hundes eine oder mehrere belastende Erfahrung/en gemacht, die fühlbare Spuren hinterlassen hat/haben? Welche Erfahrung/en war/en das und wie wirken sie sich für Sie selber aus?

....

....

....

....

• **Problem**

Wie würden Sie Ihr Problem beschreiben? Fürchten Sie etwas, das passieren könnte? Zeigt Ihr Hund immer wieder ein bestimmtes Verhalten, das Sie hilflos macht? Sind Sie auf Spaziergängen aufgrund einer früheren Erfahrung nervös? Was noch und was sonst?

....

....

....

....

• *Ziel*

Bestimmen Sie Ihr Ziel. Bei einem leinenaggressiven Hund zum Beispiel könnte es Ihr Ziel sein, dass Sie Ihren Hund einigermaßen stress-
frei (Sie selber und Ihr Hund) an einem anderen vorbeiführen können.
(Oh, ich weiß: Sämtlichen Coaches dieser Welt werden die Haare zu Berge
stehen, wenn sie in einer Zielformulierung dem Wort „einigermaßen" begegnen. Sie dürfen es auch gerne weglassen, wenn Sie es nicht brauchen.
Ein relativierendes Wort in einer Zielformulierung kann Sie allerdings deutlich entlasten, während Sie an Ihrem Ziel arbeiten. Ist ein Ziel nämlich zu
hochgegriffen, werden Sie Schwierigkeiten haben, sich vorzustellen, dass
Sie dieses auch erreichen können. Und wenn gleich bei der Festsetzung
Ihres Ziels etwas in Ihrem Kopf sagt: „Schaff ich ja doch nicht!", sind Sie
blockiert.) Was ist Ihr Ziel?

....

....

....

....

Achten Sie darauf, dass Ihr Ziel positiv formuliert ist. Schreiben Sie bitte
nicht auf, was Sie nicht wollen, sondern das, was Sie erreichen wollen.
Wenn nötig, formulieren Sie bitte um.

....

....

....

....

Ihr Ziel sollte so konkret formuliert sein, dass Sie sich ein klares Bild dazu
machen können. Also nicht: Ich möchte eine deutliche Verbesserung ...
erreichen. Beschreiben Sie, welche Verbesserung das sein soll und wie es
aussehen wird, wenn Sie diese erreicht haben.

....

....

....

....

• *Fähigkeiten*

Welche Ihrer Fähigkeiten können Sie bei der Erreichung Ihres Ziels unterstützen? Bitte notieren Sie auch Fähigkeiten und innere Kraftquellen, von
denen Sie meinen, Sie nicht zu haben. Beispiele: Gelassenheit, Selbstvertrauen, Vertrauen zu meinem Hund, Humor, Schlagfertigkeit... (was immer
Ihnen einfällt und hilfreich erscheint).

....

....

....

....

• *Die andere Seite der Medaille:*

Mein Hund/meine Hündin .... (Name des Hundes)
ist besonders liebenswert, weil er/sie

....

....

....

....

3. Ein Hund, ein Baum, eine Königin

Wie uns in kritischen Situationen
der eigene Körper helfen kann,
gelassener und selbstsicherer
zu reagieren

Wie sehen Sie aus, wenn es Ihnen richtig gut geht? Wie bewegen Sie sich? Spüren Sie das Lächeln in Ihrem Gesicht? Die gelöste Spannung in Ihrer Haltung? Wer fröhlich ist, zeigt eine andere Mimik, andere Bewegungen und eine andere Körperhaltung als ein trauriger Mensch. Skepsis, Wut, Freude, Mutlosigkeit, Ekel, Deprimiertheit, Trauer, Überraschung ... welche Emotion gerade erlebt wird, kann man Menschen ansehen – mehr oder weniger gut. Unbewusst orientieren wir uns übrigens in der Kommunikation mit anderen stärker an diesen Ausdruckssignalen als am Inhalt des Gesagten.

Bei manchen psychischen Erkrankungen, wie etwa der Borderline-Persönlichkeitsstörung, kann es für einen Außenstehenden schwierig sein, die Körpersprache zu entschlüsseln. Auch gibt es Personen, die gelernt haben, Mimik und Körper so stark zu beherrschen, dass es recht schwer ist, sie zu „lesen". Könner, wie etwa Profiler, sehr gut ausgebildete Psychotherapeuten und vor allem Mentalmagier (deren Kunst unter anderem auf dem Lesen der Körpersprache ihres jeweiligen Gegenübers beruht) schaffen es trotzdem. Und Hunde. Ihnen können wir nichts vormachen. Ich finde, wir sollten es gar nicht erst versuchen.

Unabhängig davon, wie leicht oder schwer es für uns Menschen sein mag, die Gefühle anderer aus dem körperlichen und mimischen Ausdruck abzulesen – die Emotionen in unserem Erinnerungsnetzwerk sind untrennbar mit dem Körper verbunden. Denken Sie bitte für einen Moment an Damasios Theorie vom somatischen Marker zurück. Unsere Erfahrungen werden mit Körpergefühlen markiert und so im emotionalen Gedächtnis abgelegt. Umgekehrt können wir aber auch bestimmte Erlebnisse und Gefühlszustände in unser Bewusstsein zurückholen und sie nacherleben, indem wir die damit verbundenen körperlichen Gegebenheiten herstellen.

Sitzen Sie vielleicht gerade auf einem Stuhl? Was passiert, wenn Sie sich mal stattdessen auf einen Tisch oder eine Fensterbank setzen und die Beine baumeln lassen? Wie fühlen Sie sich? Also, ich werde sofort wieder zum Kind, fühle mich unbeschwert und sehr jung. Sie auch? Aber warum ist das so?

Nur als Kind sitzen wir oft auf diese Weise, da die Stühle der Erwachsenen, Bettkanten und viele andere Sitzgelegenheiten oftmals zu hoch sind, um die Füße auf den Boden zu stellen. Vielleicht sind Sie als Kind auch gerne auf Mäuerchen oder Bäume geklettert und dort gesessen – mit baumelnden Beinen. Diese Kindheitserfahrung ist mit einem bestimmten Gefühl markiert, einem Gefühl, das wir in jedem Alter mit Hilfe der entsprechenden Körperhaltung wieder abrufen können.

Die Verbindung zwischen Denken, Fühlen und körperlichem Ausdruck lässt sich nicht trennen. Hier kommen ein paar Experimente, die das verdeutlichen sollen.

Kleine Experimente mit Haltungen und Posen

Diese Lügen glaubt kein Arm

Die folgende Übung zeigt, dass wir uns letztlich nicht einmal selbst belügen können. Viel Spaß beim Ausprobieren!

Der Lügendetektor

- Stellen Sie sich bitte so in den Raum, dass Sie ein wenig Platz um sich herum haben. Achten Sie darauf, das Gewicht auf beide Beine gleichmäßig zu verteilen.

- Breiten Sie die Arme zu den Seiten aus und führen Sie sie dann vor Ihrem Oberkörper zusammen, sodass Ihre Handflächen aufeinander zu liegen kommen.

- Nehmen Sie Ihre Arme wieder zur Seite. Denken Sie an etwas oder an jemanden, das/den Sie sehr lieben und sagen Sie (laut oder innerlich): „Ich liebe …", während Sie die Arme wieder zusammenführen. Es ist alles wie zuvor, als Sie noch nicht an etwas Bestimmtes dachten, richtig?

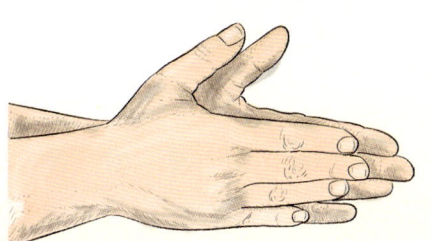

- Nehmen Sie die Arme wieder auseinander, und denken Sie an etwas, das Sie nicht ausstehen können (Wie wär's zum Beispiel mit Graupensuppe?). Sagen Sie: „Ich liebe … (Graupensuppe)", und führen Sie die Arme erneut zusammen. Hoppla! Schauen Sie die aneinandergelegten Hände an: Offenbar ist ein Arm plötzlich kürzer!)

ACHTUNG: Bei dieser Übung ist es sehr wichtig, dass Sie beim Zusammenführen der Hände nicht an diese, sondern nur an die Behauptung denken, die Sie gerade aufstellen. Sonst steuern Sie unbewusst das Zusammentreffen der Hände so, dass diese „korrekt" aufeinander zu liegen kommen, obwohl Sie gerade lügen. Genau dieser Fehler ist mir einmal bei einer Demonstration im Rahmen eines Vortrags passiert. Ich hatte glücklich drei Mutige gefunden, die zu mir auf die Bühne kamen und auf meine Bitte hin logen, was das Zeug hielt, wobei sich ihre Hände immer korrekt trafen. Sie waren in Gedanken mehr bei meiner Anweisung, die Hände zusammenzuführen als bei ihrer Lüge. Ich hatte es versäumt, sie zu bitten, sich nur auf die Lüge zu konzentrieren, während sie die Bewegung ausführten.

Sie können sich mit dieser kleinen Übung auf unterhaltsame Weise alles Mögliche und Unmögliche selbst erzählen – Ihr Körper wird Ihnen zuverlässig zurückmelden, ob die jeweilige Behauptung für Sie stimmig ist oder nicht.

Ein Ausflug in die Welt der Kinesiologie

Dieses kleine Experiment führen Sie idealerweise mit einem Partner oder einer Partnerin durch.

Der Ringtest

- Formen Sie Daumen und Zeigefinger Ihrer linken Hand zu einem Ring.

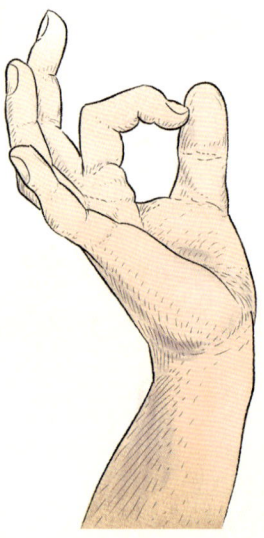

- Halten Sie den Ring, während Ihr Partner versucht, ihn mit je zwei Fingern beider Hände auseinanderzuziehen. Ihr Partner/ Ihre Partnerin merkt sich den Kraftaufwand, der er/sie dafür benötigt, während Sie

  - Ihren Namen sagen („Ich heiße ...")

  - einen falschen Namen sagen (zum Beipiel: „Ich heiße Stanislaus")

  - anderweitig lügen

  - die Wahrheit sagen

  - sagen, was Sie sehr gern mögen

  - sagen, was Sie nicht leiden können

Wenn Sie die Wahrheit sagen oder etwas erzählen, was Sie gerne mögen, wird der Ring schwer zu öffnen sein – Sie „testen stark". Wenn Sie lügen, Unstimmiges behaupten oder Dinge aussprechen, die für Sie mit Problemen behaftet sind, hält der Ring nicht. In dem Fall testen Sie schwach.

Machen Sie dasselbe auch einmal, ohne die Sätze laut auszusprechen. Ihr Trainingspartner stellt eine Behauptung auf wie etwa: „Du liebst Geburtstagspartys". Sie sagen nichts, denken aber daran, wie es ist, eine Geburtstagsparty zu feiern. Der andere soll nun nur an der Kraft, mit der der Ring

Ihrer Finger hält, Ihre Antwort erkennen. Wenn Sie Geburtstagspartys wirklich mögen, wird der Ring gar nicht aufgehen. Falls Sie Geburtstagspartys verabscheuen, dürfte der Ring für Ihren Partner sehr leicht zu öffnen sein (sollten Sie so viel Kraft in den Fingern haben, dass sie dem Zug auf jeden Fall standhalten, probieren Sie statt Daumen und Zeigefinger Daumen und Mittel- oder auch Ringfinger). Sie werden erstaunt sein, wie groß der Unterschied zwischen stimmigen und unstimmigen Aussagen ist.

Falls Sie keinen Trainingspartner zur Verfügung haben – kein Problem. Sie können den Ringtest auch alleine durchführen, indem Sie die Finger der linken und die der rechten Hand ineinander verketten. Eine Hand hält den Ring möglichst fest geschlossen, die andere zieht. Die „Kettenglieder" werden sich auseinanderziehen lassen, wenn Sie eine Aussage machen, die für Sie nicht stimmig ist. Und sie werden halten, wenn Sie bei einer Aussage mit sich im Einklang sind. Testen Sie wieder mit wahren oder falschen Behauptungen.

Der Ringtest stammt aus der Kinesiologie. Ich bin keine Kinesiologin und verstehe nichts von Kinesiologie. Auch setze ich den Test nicht zur Diagnosefindung ein oder um Medikamente zu bestimmen, wie das manchmal gemacht wird. Ich kenne diesen nützlichen und einfachen Test aus dem *wingwave-coaching*, einer Coaching-Variante des therapeutischen EMDR. Kinesiologen sagen, jemand „testet stark", wenn der Ring schwer zu öffnen ist, und er „testet schwach", wenn der Ring leicht aufgeht.

Testet eine Person schwach, geht man davon aus, dass etwas nicht in Ordnung ist, dass der oder die Betreffende an dem abgefragten Punkt nicht mit sich im Reinen ist und daher unter Stress steht. Testet jemand stark, ist alles bestens. Die Person befindet sich im inneren Gleichgewicht, die getestete Aussage ist für den Betreffenden stimmig.

Genau wie die Experimente davor soll Ihnen der Ringtest zeigen, wie eng Körper und Geist zusammenarbeiten. Wir werden ihn darüber hinaus später auch verwenden, um gute oder schlechte innere Zustände aufzuspüren und in der Veränderungsarbeit den Grad der Entlastung zu überprüfen. Ich komme im Kapitel über EMDR darauf zurück.

Ein Ausflug in die Welt der Wahrsager

Von Herzen gern würde ich Ihnen nun verraten, wie man mit Hilfe eines Pendels die richtigen Lottozahlen vorab herausfindet, aber leider weiß ich das selber nicht. Trotzdem möchte ich Sie einladen, ein Pendel zur Hand zu nehmen. Um ein solches herzustellen, brauchen Sie nur ein Stück Schnur, etwa 30 cm lang, und etwas Schweres, am besten einen Ring (ich verwende in meinen Seminaren einfach Schraubenmuttern), den sie an die Schnur knüpfen. Los geht es.

Pendeln

- Nehmen Sie die Schnur Ihres Pendels zwischen Daumen und Zeigefinger. Wenn Sie an einem Tisch sitzen, können Sie den Ellenbogen aufstützen. Die Schnur muss so gehalten werden, dass das Pendel frei schwingen kann. Ohne Tisch können Sie die Schnur etwas länger lassen und Ihren Ellenbogen auf dem Oberschenkel aufstützen.

- Schließen Sie die Augen. Denken Sie an einen Kreis, eine Bewegung im Uhrzeigersinn. Halten Sie die Hand mit dem Pendel ruhig, nichts tun, nur den Kreis vorstellen. Warten Sie eine Zeitlang. Wichtig: Sie müssen wirklich bei dem Gedanken an den Kreis bleiben und nicht etwa eine innere Diskussion mit sich selber beginnen, ob das bei Ihnen funktionieren kann oder nicht.

- Öffnen Sie die Augen. Wahrscheinlich wird das Pendel jetzt im Uhrzeigersinn kreisen. Falls es nicht geklappt hat, entspannen Sie sich und lassen Sie sich beim nächsten Versuch mehr Zeit.

- Wiederholen Sie die Übung mit einem Kreis in die andere Richtung, dann mit einer senkrechten und einer waagrechten Linie. Das Pendel wird Ihren Vorstellungen folgen, ohne dass Sie bewusst irgendetwas dazu tun.

Wie Sie mit Hilfe Ihres Körpers Ihrem Hund helfen, sich Ihnen in problematischen Situationen anzuvertrauen

Die vorangegangen spielerischen Experimente haben gezeigt, wie unbestechlich unser Körper alles ausdrückt, was in uns vorgeht. Glücklicherweise können wir dieses Pferd auch vom Schwanz her aufzäumen. Wie wir an dem Beispiel „Sitzen mit baumelnden Beinen" gesehen haben, klappt es auch umgekehrt: Der körperliche Ausdruck folgt dem Gefühl, aber das Gefühl folgt auch dem körperlichen Ausdruck. Das ist eine sehr gute Nachricht, finde ich. Die untrennbare Verbindung zwischen Gefühlen und Körper ermöglicht uns nämlich etwas, das Willenskraft allein nicht schafft: Wir können unsere Befindlichkeiten und inneren Zustände beeinflussen, indem wir körperliche Ausdruckssignale wie Haltung, Mimik, Bewegungsmuster oder Atmung verändern. Auf diese Weise lassen sich Nervosität und sogar Angst ein Stück weit entmachten, eventuell sogar in Gelassenheit, Selbstsicherheit und Souveränität verwandeln.

Warum das nicht nur für uns selber wichtig ist – weil sich Nervosität, Unsicherheit und Angst schlicht miserabel anfühlen – sondern auch für unsere Hunde, mag das folgende Beispiel zeigen.

Doris ist das Frauchen der wunderschönen Tessa, der Hündin, die plötzlich nicht mehr spazieren gehen wollte. Ich kannte die beiden schon länger. Doris hatte bereits einige meiner Seminare besucht, als sie mich um Unterstützung bat.

Das Problem begann schon vor dem Spaziergang. Beim Anblick der Ausgeh-Utensilien ergriff Tessa die Flucht. Ein eindeutiges Ereignis, das die Hündin verstört haben könnte, hatte es nach Aussage von Doris nicht gegeben. Tessa war älter geworden und hatte vielleicht schon von daher nicht mehr so viel Freude an den Gassirunden. Aber eine ausreichende Erklärung für dieses Verhalten war das nicht.

Als erstes ging es mir darum, die mittlerweile ungeliebte Leine wieder mit einem guten Gefühl zu verknüpfen. Also griff ich auf ein bewährtes und recht einfaches Mittel für solche Fälle zurück – eine klassische Konditionierung. Ich nahm die Leine in die Hand, entfernte mich zunächst ein Stück-chen von Tessa, klickte mit dem Karabiner und warf ihr ein Leckerchen zu. Nach etlichen Karabiner-Klicks und verzehrten Hundekeksen kam Tessa erwartungsvoll und freudig an, sobald Doris oder ich nur die Leine in die Hand nahmen. Man konnte den Hund nun problemlos anleinen, die Leine wieder lösen, Tessa mit einem Karabinerklick erneut herbeirufen, sie wie-der festmachen und so fort. Nach einigen Wiederholungen waren wir aus-gehbereit. Die Hündin lief ohne zu zögern mit uns nach draußen. Kurze Zeit später blieb sie stehen. Streik! Alle Bemühungen von Doris blieben erfolg-los. Tessa stand wie angewurzelt. Ich tat etwas, was ich ungern und selten tue: Ich bat Doris, mir die Leine kurz zu übergeben, denn ich wollte wissen, ob ich mit dem, was ich gesehen hatte, richtig lag. Ich sagte zu Tessa „Na komm mit!" und führte sie mit einem Handzeichen leicht nach vorne. Sie kam mit. Die Blockade war gelöst.

Ich hatte mich also nicht getäuscht: Es war tatsächlich Doris' Körperspra-che, die den Hund verunsicherte. Während sie ihn zum Weitergehen bewe-gen wollte, war ihre Haltung leicht schief und spannungslos, die Atmung flach, der Blick nach unten gerichtet. All das signalisierte Unsicherheit. Es wirkte, als drücke Doris etwas aus wie: „Ich möchte, dass du mitkommst, aber ich glaube nicht, dass du es tun wirst" oder: „Ich weiß auch nicht so recht, ob es klug ist, hier weiterzugehen, es könnte gefährlich sein". Ich hatte somit nichts weiter zu tun, als Doris an die Tipps und Tricks zur Kör-perhaltung, Atmung und Blickrichtung zu erinnern, die ich Ihnen gleich vor-stellen werde. Sie kannte diese ja schon, hatte sie bloß in der Aufregung vergessen. Das Problem war gelöst (Einfache Maßnahmen wie diese, rei-chen natürlich nur dann aus, wenn keine tiefergehenden Schwierigkeiten vorliegen, das heißt, wenn kein belastendes Erlebnis und auch kein gravie-rendes Problem hinter dem Verhalten des Hundes steht).

Hunde vertrauen sich am liebsten Menschen an, die in sich ruhen und freundliche Souveränität ausstrahlen. Als Rudeltiere möchten sie dem Tier/ der Person folgen, das/die ihnen Sicherheit vermittelt. Das ist nicht nur bei Hunden so, sondern bei allen sozial lebenden Tieren, also auch bei uns Menschen. Man baut auf den „Leitmenschen", der Selbstsicherheit, Gelas-senheit und Souveränität ausstrahlt. Unterschiede zwischen Mensch und Hund gibt es dabei allerdings doch: Hunde merken es in der Regel schnel-ler, wenn jemand, Mensch oder Tier, versucht, ihnen etwas vorzumachen.

Menschen neigen stärker dazu, sich von zweifelhaften „Führungspersön-lichkeiten" bluffen zu lassen, wenn diese nur selbstbewusst genug auftre-ten, wie das zum Beispiel bei narzisstischen Personen der Fall ist.

Die folgenden kleinen „Übungen für das andere Ende der Leine" habe ich bereits in meinem Buch *Wer denken will, muss fühlen* vorgestellt (Beck, 2010). Sie sind jedoch so grundlegend und wichtig, dass sie in einem Coa-chingbuch für Hundehalter auf keinen Fall fehlen dürfen.

Atemtechnik

Babys und Kleinkinder atmen tief in den Bauch hinein. Dasselbe gilt inter-essanterweise auch für Naturvölker. In unseren hochzivilisierten Kulturen hingegen verlernen die Menschen ab dem Schulalter allmählich die Zwerch-fell- oder Bauchatmung. Die meisten Erwachsenen atmen im oberen Brust-bereich, das heißt, sie atmen zu hoch und zu flach.

Wer durch bestimmte Entspannungstechniken, durch Yoga, durch Ge-sangs- oder Sprechunterricht die Zwerchfellatmung neu erlernt, tut damit der eigenen Gesundheit etwas wirklich Gutes. Die tiefe Bauchatmung, auch Vollatmung genannt, versorgt Gehirn und Körper mit ausreichend Sauer-stoff und reinigt beim Ausatmen die Lunge von Schadstoffen. Auch auf Blut-druck und Verdauung wirkt sich die Vollatmung positiv aus – und vor allem auf die Psyche.

Gefühle wie Angst, Besorgtheit, Nervosität usw. werden immer von fla-cher „Hoch-Atmung" im Brustbereich begleitet. Es ist praktisch unmöglich, tief und ruhig in den Bauch zu atmen und zugleich Angst zu haben. Eines von beiden muss man bleiben lassen – entweder die Zwerchfellatmung oder die Angst. Ich denke, die Wahl fällt nicht allzu schwer.

Wenn Sie sich in kritischen Situationen mit dem Hund sofort auf tiefes ruhiges Atmen konzentrieren, sind Sie der Herausforderung gleich besser gewachsen. Sie werden sich nicht nur selbst ruhiger und gelassener fühlen, auch Ihr Hund kann sich so leichter beruhigen. Tiere lesen unsere Atemmus-ter, sie nehmen sie sehr genau wahr, auch wenn sie uns nicht auf den Bauch schauen. Ein tief ins Zwerchfell atmender Mensch signalisiert dem Hund: Alles ist gut. Es gibt keinen Grund zur Aufregung. Auch wenn dieser kleine Trick allein natürlich nicht ausreicht, um zum Beispiel einen „Leinenpöbler" in ein Lämmchen zu verwandeln, ist er hochwirksam und eine wertvolle Unterstützung für alle Maßnahmen, die Sie darüber hinaus treffen mögen.

Die folgende Übung machen Sie am besten täglich für zwei, drei Minuten, so dass sich diese hilfreiche Art zu atmen allmählich automatisiert und Sie immer und überall durchs Leben begleitet.

Atemübung

- Legen Sie eine Hand auf Ihren Bauch, die andere an die Rippen.

- Stellen Sie sich vor, Sie seien ein Gefäß, in das Flüssigkeit eingefüllt wird, während Sie durch die Nase einatmen. Die Flüssigkeit füllt das Gefäß von unten nach oben. Spüren Sie, wie sich zuerst der Bauchraum füllt, wie die Bauchdecke sich nach außen wölbt; dann weiten sich die Rippen.

- Atmen Sie nun langsam durch den Mund aus. Wenn Sie noch keine Erfahrungen mit Atemübungen haben, werden Sie feststellen, dass Sie länger ausatmen können, als Sie erwartet haben. Genau das ist wichtig. Reinigen Sie Ihre Lungen, indem Sie ganz ausatmen.

- Wiederholen Sie den Vorgang zwei, drei Minuten lang.

SPECIAL FÜR HUNDETRAINER:

In der Einzelarbeit mit Kunden lassen sich Atemübungen sehr gut ins Training mit einbeziehen. Besonders hilfreich ist das in der Arbeit mit gestressten Kunden. Hinter den Stressreaktionen stecken sehr oft Versagensängste oder andere Probleme, über die der Kunde wahrscheinlich nicht sprechen möchte. In der Regel wird der Betreffende fast ununterbrochen jede Handlung im Kopf kommentieren, was die Stressreaktion weiter verstärkt. Erklären Sie Ihren Kunden, dass Hunde sich an den Atemmustern ihrer Menschen orientieren, erinnern Sie sie immer wieder an die tiefe Bauchatmung – speziell während der Übungen mit dem Hund.

Training des peripheren Blicks und warum dieser für Sie und für Ihren Hund so wichtig ist

Wir Menschen neigen dazu, nur zu glauben, was wir genau sehen. Wir trauen unseren Augen und dem, was wir durch sie wahrnehmen – vorausgesetzt, wir haben es im Fokus. Dabei kann unser Sehsinn so viel mehr: Was wir aus den Augenwinkeln wahrnehmen – und oft nicht beachten, weil wir es nicht genau und scharf sehen – ist so wichtig.

Das *periphere Sehen* hat zunächst einmal die Funktion, uns vor Gefahren zu warnen, die von der Seite her kommen könnten – Sie wissen schon: der berühmte Säbelzahntiger oder aber der Lieblingsfeind des eigenen Hundes. Darüber hinaus stellt das periphere Sehen eine Verbindung zum Unbewussten her. Es gibt einen direkten Zusammenhang zwischen dem Sehen aus dem Augenwinkel und unserer Intuition. Diese wieder ist im Umgang mit Hunden, mit allen Tieren, so zentral wichtig, weil wir gar nicht so schnell denken können, wie wir oft handeln müssen.

Intuition ist eine intelligente Leistung unseres Gehirns. Sie beschreibt die Fähigkeit, blitzschnell auf genau die Informationen zurückzugreifen, die auf unserer Bio-Festplatte gespeichert sind, wenn sie gerade benötigt werden. Dazu gehören auch Lerninhalte, die uns nicht mehr präsent sind. Darüber hinaus greift die Intuition sogar auf Informationen zurück, die uns bis dahin niemals bewusst waren.

Ein Beispiel aus der Zeit, bevor Handys so verbreitet waren wie heute: Ich wollte eine Kollegin in Berlin-Tegel besuchen. Bei ihrem Wohnhaus angekommen, merkte ich, dass die Türklingel kaputt war. Was ich nun dringend brauchte, war eine Telefonzelle. Leider hatte ich keine Ahnung, wo ich eine solche finden würde. Ich kannte mich in Tegel nicht aus, und da ich sehr ungern von unterwegs telefoniere, wusste ich auch nicht, wo ich ein Telefon finden könnte. Ich stieg wieder in mein Auto, fuhr – eigenartig zielgerichtet, warum auch immer – den Weg ein Stück zurück, bog in eine kleine Seitenstraße und hielt direkt vor einer Telefonzelle. Dies war allerdings keine Hellseherei, sondern eine typische Leistung der Intuition. Ich war auf dem Weg zu meiner Kollegin schon öfter die Hauptstraße entlanggefahren. Von dort aus hätte ich die Telefonzelle bewusst sehen können, hätte sie mich denn interessiert. Da mich die Information „Telefonzelle in der Seitenstraße" jedoch überhaupt nicht interessierte, ich sie aber trotzdem aus den Augenwinkeln aufgenommen hatte, wurde sie abgespeichert, ohne dass sie mir je bewusst geworden wäre – bis ich sie brauchte.

Allein diese Verbindung zwischen peripherem Sehen und funktionierender Intuition ist ein sehr guter Grund, das Vertrauen zum „Sehen ohne hinzuschauen" zu stärken. Es gibt aber einen weiteren Vorteil, den das periphere Sehen bietet. Es ermöglicht uns, den Blick in schwierigen Situationen gezielt einzusetzen.

Besonders bei leinenaggressiven Hunden kommen wir Zweibeiner allzu leicht in Versuchung, in einer kritischen Situation den Hund anzustarren – den eigenen oder vielleicht auch den entgegenkommenden. Kontraproduktiv ist beides. Angestarrt zu werden kommt bei Hunden als Drohung an. Ein fokussierter Blick auf den eigenen Hund kann auf diesen bedrohlich wirken und Ängste, Aggressionen oder auch beides verstärken. Den entgegenkommenden Hund anzustarren wiederum bestätigt dem eigenen Vierbeiner, dass hier ein gefährlicher Feind naht.

Übrigens … unsere Hunde merken es, wenn sie von uns angestarrt werden, auch wenn sie gar nicht zu uns, sondern ganz woanders hinsehen. Wir werden uns gleich mit dem sogenannten Fixpunkt-Trick befassen, der hier zuverlässig Abhilfe schafft. Um ihn anwenden zu können, brauchen wir aber als erstes Vertrauen zum peripheren Sehen. Wer will schließlich seinen Hund in einer kritischen Situation ganz aus den Augen lassen?

In meinen Seminaren mache ich zum Einstieg in das Thema gerne das Spiel „Drei Clowns", das aus dem Schauspiel- und Clownstraining kommt. Wenn Sie ein paar Spielpartner zur Verfügung haben, probieren Sie es doch einfach mal aus. Es macht mindestens so viel Spaß, wie es lehrreich ist.

Drei Clowns

- Drei Stühle werden nebeneinander aufgestellt, wobei der mittlere etwa zehn Zentimeter nach vorne gerückt wird. Auf diesen nehmen die drei Clowns Platz. Wir orientieren uns dabei an den klassischen Clowns-Trios: In der Mitte sitzt der sogenannte Weißclown, der die Autorität verkörpert. Links und rechts von ihm sitzen die beiden frechen „Auguste", die dem Weißclown ihre Streiche spielen.

- Der Weißclown darf nur geradeaus nach vorne schauen, während die Auguste ihn nach Strich und Faden veräppeln, ihm die Zunge und lange Nasen zeigen, und was ihnen nur an Frechheiten einfällt.

- Sobald der Weißclown einen der frechen Auguste in flagranti erwischt, zeigt er auf diesen. Der ertappte Frechdachs scheidet aus, ein neuer Spieler nimmt den Platz des Weißclowns ein und der bisherige Weißclown darf nun als August endlich auch nach Herzenslust frech sein.

Wichtig bei diesem Spiel ist die Erfahrung, wie viel mehr man aus den Augenwinkeln sehen kann, als man wahrscheinlich erwarten würde. Wir bekommen nicht nur das mit, was wir scharf, genau und fokussiert sehen. Und genauso, wie der Weißclown im Spiel nach vorne schauen und doch die Bewegungen der Frechdachse registrieren kann, können wir auch den Hund, den wir an der Leine führen, sehen, ohne ihn direkt anzuschauen.

Peripheres Sehen ist trainierbar. Allein lässt sich der periphere Blick sehr gut im Café, in Parks, in Freibädern und so weiter austesten und üben. Was geht rund um Sie herum vor, während Sie den Blick nach vorne gerichtet halten? Wer das Vertrauen in das periphere Sehen auch im Alltag trainiert, hat den Vorteil, den hochwirksamen Fixpunkt-Trick anwenden zu können und trotzdem den eigenen Hund im Blick zu haben.

Ein Hund, ein Baum... Der Fixpunkttrick – und wie man mit Hilfe der Spiegelneurone erklären kann, warum er funktioniert

Der Fixpunkt ist nichts anderes als ein bestimmter Punkt, den Sie ausge-wählt haben und anvisieren, während Sie unbeirrbar und zielgerichtet auf ihn zugehen. Wenn Sie mit Ihrem Hund unterwegs sind, kann das ein Baum sein, ein Verkehrsschild, eine Laterne... was auch immer. Der Fixpunkt sollte ein gutes Stück von Ihnen entfernt sein.

Die Wirkung von Fixpunkten erforschen – mit Hund

- Wählen Sie für diese Übung am Anfang gut überschaubare und ruhige Wegstrecken und üben Sie gleich mit Ihrem Hund. Sie führen ihn an der Leine, wählen einen Fixpunkt vor sich und gehen mit Ihrem vierbeinigen Kumpel darauf zu, gerade und unbeirrbar.

- Stellen Sie sich vor, wie der Fixpunkt Sie quasi magnetisch anzieht. Lassen Sie die Augen auf den Fixpunkt gerichtet, den Hund haben Sie im peripheren Blick.

- Sobald Sie Ihrem Fixpunkt zu nahekommen, visieren Sie den nächsten an.

Gerade und unbeirrbar auf das gewählte Ziel zuzugehen, bedeutet nicht, dass Sie den Hund gewaltsam mit sich zerren sollen. Vergessen Sie nicht, während der Übung tief und ruhig in den Bauch zu atmen – die meisten Hunde kommen auf diese Art gerne mit. Falls Ihr Hund zum Ziehen an der Leine neigt, werden Sie vielleicht erstaunt sein, wie gut er jetzt auf einmal neben Ihnen herläuft. Die Übung lässt sich also auch unterstützend zum Leinentraining einsetzen.

Üben Sie dosiert. Nach spätestens zwei, drei Fixpunkten legen Sie eine Pause ein. Sie sollen nämlich nicht ab sofort von Fixpunkt zu Fixpunkt durch die Gegend laufen. Sie sollen den Fixpunkttrick lediglich zur Verfügung haben, wenn Sie ihn brauchen, also zum Beispiel bei Hundebegegnungen, die möglicherweise nicht reibungslos verlaufen. Dazu ist es wichtig, zunächst immer wieder in stressfreien Situationen zu üben. Sie können sich so besser darauf konzentrieren, den Fixpunkt im Blick zu behalten, den Hund über das periphere Sehen wahrzunehmen – und dabei tief in den Bauch zu atmen, bis alles zur Selbstverständlichkeit wird.

SPECIAL FÜR HUNDETRAINER:

Bauen Sie den Fixpunkttrick in Übungen zum Leinentraining oder auch in Trainingsspaziergänge ein. Bitten Sie Ihren Kunden, während der Übung immer weiter ruhig in den Bauch zu atmen. Fragen Sie immer wieder, wie der Kunde registriert hat, was der Hund gerade macht, während er selber auf einen Punkt fokussiert ist. Erklären Sie den Zusammenhang: Der Hund erhält jetzt zwei Botschaften von seinem Menschen: Die ruhige Bauchatmung sagt ihm: „Es ist alles in Ordnung", und der fokussierte Blick signalisiert: „Ich weiß, wo wir hinwollen, dort ist es sicher. Die Situation hier interessiert uns nicht".

Die Wirkung von Fixpunkten erforschen – ohne Hund

Sie können den Fixpunkttrick auch ohne Hund in Menschenmengen üben. Sie werden sehen – die Ergebnisse sind sehr eindrucksvoll.

* Wählen Sie als Trainingsort zum Beispiel ein Einkaufszentrum, ein Kaufhaus, eine Fußgängerzone oder irgendeinen anderen Ort, wo sich viele Menschen bewegen, die wenig aufeinander achten. Suchen Sie sich einen Fixpunkt und gehen Sie gezielt auf diesen zu. Sie sollen dabei bitte nicht bewusst Leute anrempeln, ihnen aber auch nicht ausweichen, einfach nur gezielt auf den Punkt zustreben. Tief atmen nicht vergessen.

Vielleicht sind Sie überrascht, wie „unbehelligt" Sie auf diese Art durch eine Menschenmenge gehen können. Wie und warum aber funktioniert das? Die Erklärung liegt in der Funktion der Spiegelneurone. Die Spiegelneurone der anderen erkennen, dass Sie gerade nicht darauf achten, wo Sie hintreten, während Sie auf Ihr Ziel zugehen. Entgegenkommende Personen weichen automatisch aus.

Wenn Sie den Fixpunkttrick so gut geübt haben, dass Sie ihn auch schon bei Hundebegegnungen anwenden können, ist es ähnlich: Die Spiegelneurone Ihres Hundes erkennen, dass Sie beide auf etwas offenbar sehr Wichtiges zustreben und das entgegenkommende Mensch-Hund-Gespann gerade keine große Rolle spielt. Indem Sie so zielgerichtet und dabei entspannt sind, kann sich der Hund auch in dieser Situation Ihrer Führung anvertrauen.

Na gut, sagen Sie jetzt vielleicht, aber das Frauchen oder Herrchen des entgegenkommenden Hundes wird mich doch für verrückt halten, wenn ich im Vorübergehen keine Notiz von ihr oder ihm nehme, sondern auf irgendeinen Punkt vor mir starre. Zugegeben – diese Situation sollte man geschickt managen. Egal ob Sie die entgegenkommende Person kennen oder nicht – wenn Sie merken, diese will Kontakt mit Ihnen aufnehmen, gönnen Sie ihr einen ganz kurzen Blick, ein „Entschuldigung – wir üben gerade". Wenn Sie den Blick danach sofort wieder auf Ihren Fixpunkt fokussieren, zerstört das die Wirkung des Fixpunkttricks nicht, und der andere wird in der Regel die Situation verstehen.

Tessa und die Königin

Neben der Zwerchfellatmung und dem Fixpunkttrick hat auch eine Veränderung an Doris' Körperhaltung eine ganze Menge dazu beigetragen, dass Tessa wieder vertrauensvoll mit ihrem Frauchen nach draußen gehen und beide die Spaziergänge wieder genießen konnten. Finden Sie doch einmal für sich heraus, wie Ihr Körper reagiert, wenn Sie verschiedene Gefühlslagen erleben.

Den Ausdruck von Emotionen testen

- Rufen Sie sich bitte der Reihe nach ein paar Erinnerungen an Situationen ins Gedächtnis, die mit starken Emotionen verbunden waren. Sie waren zum Beispiel ...

- ... stolz auf sich

- ... deprimiert

- ... ängstlich

- ... fröhlich

- ... furchtbar genervt

- ... verliebt

- Versetzen Sie sich in jede dieser Erinnerungen so hinein, als würden Sie die Situation gerade jetzt erleben. Wie verändert sich Ihre Körperhaltung? Die Mimik? Die Körperspannung?

Negative Emotionen drücken sich durch zu schwache oder auch zu starke Körperspannung aus (Verspannung der Muskeln). Die Haltung ist schlaff oder auch verkrampft, gelegentlich auch schief (wir haben das Gleichgewicht verloren, sind nicht mehr in unserer Mitte), wir sinken in uns zusammen, ziehen oftmals die Schultern hoch. Der Blick ist gesenkt oder wir starren defokussiert vor uns hin, ohne wirklich etwas wahrzunehmen. Ich nenne diesen Blick „ins Aquarium schauen". Er ist sehr typisch für depressive Verstimmungen und er geht auch mit Gedankenkreiseln einher, wenn die sich in unserem Kopf drehen und nicht zur Ruhe kommen.

Ganz anders die Königinnen- beziehungsweise Königshaltung. Sie drückt Selbstsicherheit aus, dazu auch Ausgeglichenheit und innere Ruhe. All das signalisieren wir auch nach außen. Bei den anderen kommt an, dass wir uns selber vertrauen und dass man, beziehungsweise „hund", uns vertrauen kann. Die Selbstsicherheit und das Ausbalanciertsein stellt sich auch ein, wenn wir diese Haltung bewusst einnehmen. Je öfter wir das tun, umso deutlicher.

Die Königinnen-/Königshaltung

- Stellen Sie sich so hin, dass Ihre Füße etwa schulterbreit auseinander und parallel zueinander stehen. Das Gewicht soll gleichmäßig auf beide Beine verteilt sein.

- Strecken Sie die Wirbelsäule, machen Sie den Rücken lang und nehmen Sie den Kopf hoch. Hals und Kopf sollen dabei aber beweglich bleiben, sodass Sie sich in Ihrer Umgebung umsehen können.

- Lassen Sie die Schultern nach unten fallen. Die Arme sind locker.

- Schauen Sie die Dinge in Ihrer Umgebung bewusst an. Nehmen Sie in sich auf, was Sie sehen. Lächeln Sie.

- Üben Sie die Königinnen-/Königshaltung auch im Gehen und schließlich beim Spaziergang mit Ihrem Hund. Auch wenn Ihr Gewicht dabei nicht auf die beiden Füße verteilt sein kann, bleibt es in der Mitte. Kombinieren Sie diese Körperhaltung mit der Zwerchfellatmung und nehmen Sie sie auch ein, wenn Sie den Fixpunkttrick anwenden. Erleben Sie den Unterschied, den es für Sie macht – und für Ihren Hund.

Unsere Körpersprache hat großen Einfluss darauf, wie wir uns fühlen. Und nicht nur Hunde, auch andere Menschen (und andere Tiere) reagieren stark darauf, wie wir uns körperlich ausdrücken. Es ist daher sehr hilfreich, bewusst mit der eigenen, normalerweise unbewussten Körpersprache umzugehen – vor allem im Umgang mit unseren Hunden. Was wir mit unserem

Körper signalisieren, spielt eine wesentliche Rolle dabei, ob wir Hunde erfolgreich trainieren können oder Schwierigkeiten beim Training haben und wie wir kritische Situationen mit dem Hund bewältigen.

Ein kleiner Tipp am Rande: Es gibt Hundesportarten, die das Bewusstsein für die eigene Körpersprache fördern. Keine dieser Sportarten muss man unbedingt als Leistungssport betreiben. Sie eignen sich auch als Funsportarten und können mit viel Spaß für alle Beteiligten auch ohne Leistungsdruck ausgeübt werden. Das sogenannte Longieren gehört dazu, auch Dogdancing.

Mein Favorit unter den körpersprachenschulenden Sportarten ist Hoopers Agility. Der Parcours besteht bei dieser Agility-Variante nur aus sogenannten Hoopers, einer Art Torbögen, die durchlaufen werden; dazu kommen Tunnel sowie Fässer und Gatter zum Umrunden. Da es keine Sprünge oder andere körperlichen Anforderungen gibt, die nur junge, gesunde Hunde bewältigen können, ist es ein Sport für jederhund. Junge wie alte, selbst gehandicapte Hunde können mitmachen. Der Sport ist ebenso für Zweibeiner geeignet, die aus irgendwelchen Gründen nicht über den Platz rennen können, wie sie das beim üblichen Agility müssten. Der Mensch steht an einem festen Punkt im Parcours und dirigiert von dort aus den Hund – mit der Körpersprache. Diese Art, den Hund „fernzusteuern", ist ein wirklich tolles Erlebnis und macht riesigen Spaß.

SPECIAL FÜR HUNDETRAINER:

Wahrscheinlich werden Sie die Königinnen-/Königshaltung in der Regel nicht so aufbauen können, wie ich sie hier beschrieben habe, weil das zu sehr nach „Psychoübung" wirken könnte. Machen Sie Ihren zweibeinigen Schülern einfach klar, wie stark Hunde sich an Körpersprache und Haltung des Menschen orientieren, ermuntern Sie sie im Training zu einer aufgerichteten Haltung, tiefer Atmung und lebendigem, geradeausgerichtetem Blick (auch außerhalb der Fixpunkt-Übung). Und lassen Sie sie erleben, wieviel leichter alles mit einem kleinen Lächeln geht.

Zusammenfassung

Gelassenheit und Selbstsicherheit mit Hilfe des eigenen Körpers fördern

- Trainieren Sie die tiefe Zwerchfellatmung konsequent. Bleiben Sie achtsam und atmen Sie in beunruhigenden oder kritischen Situationen bewusst tief in den Bauch hinein.

- Schulen Sie mit und ohne Hund das periphere Sehen, sodass Sie Ihren Hund im Blick haben können, ohne ihn anzusehen. Trainieren Sie dabei automatisch Ihre Intuitionsfähigkeit.

- Wenden Sie den Fixpunkttrick bei allen Spaziergängen immer wieder an, zuerst in entspannten, zunehmend auch in kritischen Situationen.

- Holen Sie sich Kraft und Selbstvertrauen durch die Königinnen-/Königshaltung.

4. Ein Hund und viele Gedanken

Michaels Airedale Hugo pöbelt, wenn er an der Leine ist, jeden Rüden an, der des Wegs kommt. Michael hat etliche Bücher zum Thema Leinenaggression gelesen. Er hat versucht, die Anleitungen umzusetzen. Auch mit einer Hundeschule hat er es probiert. Wirklich geholfen hat bisher nichts. Michael ist Hugos Verhalten unangenehm und extrem peinlich. Er fühlt sich hilflos und irgendwann im Hinblick auf dieses Problem auch als Versager.

Es muss nicht gleich eine Beißerei oder ein anderes drastisches Erlebnis mit dem Hund sein – belastende Gedanken wie etwa Versagensideen stellen sich oft schon ein, wenn es einfach nicht gelingen will, ein unerwünschtes Verhalten des Hundes in den Griff zu bekommen. Belastende Gedanken bringen belastende Gefühle mit sich. Diese wieder führen zu einer Stressreaktion, die die Lösung des jeweiligen Problems noch schwieriger macht. Was also tun? Sollten wir vielleicht einfach lernen, positiv zu denken?

Denken Sie nicht positiv, denken Sie lieber wie Ihr Hund – Der Wechsel der Sinnesebene

Na klar macht es einen Unterschied, ob Sie diese oder jene Gedanken haben. Grundsätzlich stärken uns Gedanken, die in eine positive Richtung gehen, während uns solche, die negativ und pessimistisch sind, schwächen. Im Zusammenhang mit unserer kleinen Bestandsaufnahme habe ich Sie gebeten, Ihre Ziele positiv zu formulieren. Warum also behaupte ich nun auf einmal, Sie sollten *nicht* positiv denken?

Nun, ich spreche hier nicht von hilfreichen inneren Überzeugungen, auch nicht von der unbezahlbaren Fähigkeit, sogar im Schlechten noch etwas Gutes sehen zu können, und erst recht nicht von einem gesunden Optimismus. Ich spreche vom *Positive Thinking*, einem äußerst beliebten Konzept, auf dem unzählige Motivationsseminare und ein ansehnlicher Teil der Ratgeberliteratur beruhen.

Das *Positive Denken* war einmal ein echter Boom in der (eher esoterisch ausgerichteten) Psychoszene. Und immer noch begegnet es uns an allen Ecken und Enden, speziell im Manager-Coaching und dem Motivationstraining. Die Ideen des sogenannten mentalen Positivismus haben sich weit über diese Szenen hinaus verbreitet. Sogar Menschen, die keine Motivationsseminare besuchen und kaum oder keine einschlägige Literatur lesen, sind oft überzeugt, man solle, ja man müsse sich um positives Denken bemühen. Damit habe man Glück oder Unglück, Erfolg oder Misserfolg, Gesundheit oder Krankheit, Reichtum oder Armut doch mehr oder weniger selbst in der Hand. Schließlich ist doch jeder seines Glückes Schmied – oder?

So faszinierend die Idee des positiven Denkens sein mag, so problematisch ist sie auch. Letztlich könnte man die zugrundeliegenden Vorstellungen so interpretieren, dass jeder an seinem Unglück, an Leid und Krankheit selber schuld ist, weil er eben die falschen Gedanken hatte.

Natürlich ist eine positive Lebenseinstellung eine gute Sache und wir streben auch in unserer Form des Coachings/Selbstcoachings stärkende positive Überzeugungen an. Das Konzept des *Positive Thinking* aber beruht auf sogenannten Affirmationen (einer Form der Autosuggestion), mit Hilfe derer man sich neue Glaubenssätze gewissermaßen einbläut. Sich ständig etwas zu suggerieren wie etwa: „Ich werde von Tag zu Tag reicher" (… schlanker? … schöner? … beliebter? … selbstbewusster?), funktioniert nicht nur nicht, es kann sogar schaden. Bei Menschen, die unter Depressionen leiden, kann sich durch die Affirmationen die Symptomatik verstärken. Bei Personen, die kein besonders ausgeprägtes Selbstwertgefühl haben, kommt es oft zu Stimmungsverschlechterung. Aber auch alle anderen Anwender kann diese Art des aufgesetzten Denkens massiv unter Druck setzen.

Was würde zum Beispiel mit dem oben genannten Michael passieren, wenn er sich jeden Tag immer wieder vorsagt: „Ich kann Hugo problemlos an anderen Rüden vorbeiführen"? Er würde auf diese Weise Druck auf sich selber ausüben, was das Problem im besten Fall nicht lösen, im schlimmsten verschlechtern würde.

Einer meiner Seminar-Teilnehmerinnen verdanke ich einen Witz zum Thema „Positives Denken", den ich Ihnen nicht vorenthalten möchte.

Eine Frau kommt von einem Motivations-Seminar nach Hause. Ihr Mann ist dabei, das Abendessen vorzubereiten. Er schneidet gerade Paprika. Als seine Frau die Tür öffnet, erwischt er mit dem Messer statt der Paprikaschote seinen Finger.

„Scheiße!", schreit der Mann.

„Du musst positiv denken und dich positiv ausdrücken", erklärt ihm seine Frau.

Darauf der Mann, während er den blutenden Finger betrachtet: *„Schöne* Scheiße!"

Sehr viel hilfreicher, als sich selber künstliche Glaubenssätze einreden zu wollen (die einem letztlich das eigene Unbewusste nicht abnimmt), ist es, die Sinnesebene zu wechseln. Es spielt eine große Rolle für unser Gefühl, ob wir Erfahrungen innerlich auditiv, über Wörter und Sätze also, oder visuell über Bilder repräsentieren.

Von Menschen etwa, die unter chronischer Besorgtheit leiden, wissen wir, dass diese fast ununterbrochen in innere Monologe verstrickt sind. In seinem bahnbrechenden Werk *Emotionale Intelligenz* schreibt der Psychologe *Daniel Goleman* (Goleman, 1999, S. 92):

Sorgen werden fast durchweg dem inneren Ohr, nicht dem inneren Auge vorgetragen, also in Worten, nicht in Bildern – ein Umstand, der für die Eindämmung der Besorgtheit bedeutsam ist.

Wir sprechen bei diesem Phänomen auch von der *Worrying-Schleife*: Jemand sagt sich etwas, das passieren könnte → er fühlt sich schlecht → er kommentiert innerlich dieses schlechte Gefühl → er fühlt sich noch schlechter → kommentiert dieses noch schlechtere Gefühl (und immer so weiter).

Mit demselben Mechanismus schaukeln wir Menschen auch unsere Ängste hoch. Es ist also eine sehr gute Sache, innere Monologe stoppen zu können. Je nachdem, wie stark jemand dazu neigt, sich selber im Kopf Dinge zu erzählen, fällt das leichter oder schwerer. Sie kennen das Problem vielleicht von Nächten, in denen Sie einfach nicht einschlafen können. „Es" redet und redet in Ihrem Kopf und das Reden hält Sie wach. Gar nicht so einfach, das Gerede abzustellen, nicht wahr?

Der Trick heißt: Statt innere Monologe ersatzlos abstellen zu wollen, ist es vielversprechender, auf Bilder, auf visuelles Denken also, umzuschalten. Das berühmte Schäfchenzählen mag nicht für jeden die ideale Einschlafmethode sein, aber es enthält die richtige Idee: Innere Bilder ersetzen innere

Monologe, die uns vom Einschlafen abhalten. Denken in Worten und Sätzen wird zum Denken in Bildern und Filmen. Die Filme werden zu Träumen – man schläft.

Wenn Sie gegen Nervosität, Sorgen oder Ängste vorgehen wollen, ist es also oftmals gar nicht so effektiv, negative innere Kommentare durch positive ersetzen zu wollen. Bitte denken Sie daran: Auch innere Kommentare wie „Ich schaffe das!" oder „Es wird schon!" können Sie unter Umständen unter Druck setzen. Ein wirklich hilfreicher Schritt dagegen ist es, das Gerede im Kopf zu unterbrechen, indem man zum Denken in Bildern/Filmen übergeht.

Wenn Sie die Übung mit dem Fixpunkt bereits ausprobiert und angewandt haben, werden Sie vielleicht gestaunt haben, was für einen Unterschied die Konzentration auf einen visuellen Fokus macht – in dem Fall einen äußeren. Letztlich ist auch der Fixpunkt-Trick eine Anwendung des Sinnesebenen-Wechsels. Indem wir auf die visuelle Ebene umschalten, werden Kommentare in unserem Kopf automatisch und zuverlässig unterbrochen.

Hier ist ein weiteres Experiment, mit dem Sie die Power der visuellen Vorstellung eindrucksvoll erleben können.

Sie brauchen dafür einen Partner oder eine Partnerin. Ideal ist es, wenn der andere körperlich in etwa gleich stark ist wie Sie. Das Ganze erinnert mich immer so ein bisschen an Armdrück-Wettbewerbe oder „Fingerhakeln" im Bierzelt. Sie sehen schon – auch dieses Experiment macht Spaß. Es dürfte nicht schwierig sein, dafür Mitspieler zu finden.

Feuerwehrübung

- Halten Sie den rechten Arm leicht angewinkelt zur Seite – Linkshänder nehmen den linken Arm – und ballen Sie die Hand zur Faust.

- Ihr Partner oder die Partnerin tritt hinter Sie, legt die rechte Hand an Ihr Handgelenk und die linke sanft auf Ihren Oberarm.

- Auf Ihr Zeichen hin versucht der andere nun, Ihren Unterarm gegen den Oberarm zu drücken. Sie halten mit aller Kraft dagegen. Der Partner merkt sich den benötigten Kraftaufwand, bevor es in die zweite Runde geht (Sollte es der andere gar nicht schaffen, Ihren Unterarm an den Oberarm zu drücken, sind Sie schlicht zu stark für diesen Partner).

- Schütteln Sie Ihren Arm aus. Gehen Sie zurück in die Anfangsstellung, aber lassen Sie diesmal die Hand geöffnet. Achten Sie jetzt bitte nochmal besonders darauf, dass die linke Hand des Partners auf Ihrem Oberarm liegt und leicht gegenhält, sonst wird es unangenehm für die Schulter. Auch diesmal sollte der Arm nicht durchgestreckt sein, sondern leicht angewinkelt bleiben. Auf Ihr Zeichen hin drückt der Partner wie zuvor. Sie aber wenden diesmal keine Kraft auf. Sie stellen sich einfach vor, Ihr Arm sei ein Feuerwehr-Wasserschlauch, durch den das Wasser mit immensem Druck schießt. Die offene Hand unterstützt diese Vorstellung. Ein kurzes, innerlich gesprochenes Kommando kann das Umschalten auf das Denken in Bildern erleichtern. Wie wäre es mit: Wasser marsch!

- Staunen Sie, genießen Sie das Gefühl, ohne jeden Kraftaufwand und frei von jeglicher Anstrengung eine so unglaubliche Stärke entwickeln zu können, dass es Ihrem Partner kaum möglich sein wird, Ihren Arm abzubiegen (es sei denn, er wiegt 150kg und ist professioneller Freistil-Ringkämpfer, während Sie selber klein und zart sind).

- Tauschen Sie die Rollen und machen Sie die Erfahrung aus der anderen Position. Viel Spaß!

Dieses Experiment lässt Sie am eigenen Körper erleben, was innere Bilder bewirken. Die meisten Menschen sind überrascht festzustellen, dass sie durch eine einfach bildliche Vorstellung mysteriös wirkende Kräfte entwickeln wie ein Shaolin-Mönch. Und sie machen die Erfahrung, dass das Denken in Bildern gar nicht so schwer ist, wie sie sich das vielleicht vorgestellt haben. Es ist nicht notwendig, die Bilder wie im Kino oder im HD-Fernsehen vor dem geistigen Auge zu sehen. Stellen Sie sich das Gewünschte einfach vor, wie genau spielt keine Rolle.

Bildliche Vorstellungen haben eine besondere Kraft. Da sie sich sofort in unserem Körper ausdrücken, können wir die damit verbundene Energie nicht nur für uns selbst benutzen – auch unsere Hunde spüren sie. Und unsere Körpersprache ist ja das, woran sie sich überwiegend orientieren.

Denken in Bildern zu trainieren bringt über das Selbstmanagement hinaus gerade uns Hundemenschen einen weiteren unbezahlbaren Gewinn: Wir lernen dadurch ein Stück weit zu „denken wie ein Hund".

Die Zeiten, in denen man glaubte, dass Tiere nur reagieren und instinktiv handeln, also überhaupt nicht denken können, sind zum Glück vorbei. Seit Wissenschaftler begonnen haben, die kognitiven Fähigkeiten von Tieren zu erforschen, haben sie immer wieder faszinierende, oft auch überraschende Ergebnisse vorgelegt. Tiere können viel mehr, als man ihnen zugetraut hatte: Sie können Probleme lösen, strategisch denken, planen, sogar bluffen ... Keine Frage, dass sie denken! Aber sie denken nicht in Worten und Sätzen, sondern vermutlich eher in bildlichen Vorstellungen. Wenn Sie also üben, Kommentare im Kopf zu stoppen, indem Sie zu bildhaften Vor-

stellungen wechseln, lernen Sie zugleich, zu denken wie Ihr Hund. Mit dieser Anpassung der Denkweise an die Ihres vierbeinigen Freundes stellen
Sie Nähe her. Damit verstehen Sie ihn besser. Und er versteht Sie besser.

Es gibt verschiedene Möglichkeiten, das Denken in Bildern im Alltag mit
und ohne Hund zu üben und zu pflegen. Die folgenden kleinen Übungen
sollten Sie immer wieder mal machen.

Das Denken in Bildern trainieren

• Erinnerungsbild:

Erinnern Sie sich an ein schönes Ereignis in der Vergangenheit. Tun Sie so,
als hätten Sie dieses nun als Bild oder als Film vor Augen.

Machen Sie sich keine Gedanken darüber, ob das Erinnerungsbild auch korrekt ist. Beschreiben Sie jetzt einfach genau das, was Sie in Ihrer Vorstellung sehen. Es geht dabei nicht um eine objektive Erinnerung – die gibt es
nämlich gar nicht. Alles, was im Gedächtnis als Erinnerung abgelegt ist,
wird vom Gehirn weiterbearbeitet, sodass sich Erinnerungen ganz automatisch verändern. Am stärksten verändern sie sich, wenn wir sie öfter aufrufen: Jedes Mal, wenn wir uns erinnern, fügen wir die vielen Erinnerungsfrag-
mente, die sich in unserem Gehirn befinden, zu einem schillernden Bild der
Vergangenheit zusammen. Keine Sorge also, dass Ihre Erinnerung falsch
sein könnte. Das, was Sie jetzt gerade vor Ihrem inneren Auge sehen, ist
jetzt gerade für Sie relevant.

• Vorstellungsbild/ein konstruiertes Bild:

Stellen Sie sich eine vertraute Person mit irgendeinem Detail vor, das überhaupt nicht zu ihr passt. Wie wäre es beispielsweise mit der eigenen Mutter
mit grünen Haaren? Wenn Sie ein wenig schmunzeln oder gar lachen mussten, ist die Übung gelungen.

- Fragen Sie sich im Alltag immer wieder mal: Was habe ich gerade gedacht? Wenn dieser Gedanke ein Bild wäre – wie sähe dieses Bild aus?

- Zusammen mit Ihrem Hund bietet sich das Tricktraining, das Lernen und Üben kleiner Kunststücke als ideale Bilder-Denk-Schule an. Wenn zum Beispiel Ihr Hund gerade über einen Baumstamm balanciert, versetzen Sie sich in ihn hinein. Stellen Sie sich vor, wie die Situation aus seinen Augen aussieht und balancieren Sie innerlich mit.

SPECIAL FÜR HUNDETRAINER:

Je gestresster jemand ist, desto mehr erzählt er sich im Kopf. Sie erkennen das an hektischen Augenbewegungen oder auch einem eher starren Blick. Ihr Kunde ist jetzt nicht offen für Ihre Erklärungen und Anweisungen. Lenken Sie in einer solchen Situation die Aufmerksamkeit des Kunden auf die eigene Körpersprache oder lassen Sie ihn die Körpersprache des Hundes beschreiben. Fordern Sie bei geeigneten Übungen Ihren Kunden auf, den Hund zu unterstützen, indem er diese innerlich mitvollzieht. Zeigen Sie Ihrem Kunden mithilfe der Feuerwehr-Übung, was visuelles Denken bewirkt.

Was mach ich nur, wenn Roxy auftaucht...

Wie Sie stressverstärkenden inneren Phrasen zu Leibe rücken

Es gibt ganz bestimmte Sätze, die immer wieder in Menschenköpfen auftauchen und so penetrant sind, dass das Umschalten auf innere Bilder nur schwer oder gar nicht dagegen ankommt. Zudem können Sie natürlich, wenn Sie mit Ihrem Hund unterwegs sind, nicht pausenlos Fixpunkte ansteuern und alles und jedes, was Ihr Hund tut, hundertprozentig innerlich mitvollziehen. Kaum lässt die Konzentration ein klein wenig nach, ist er schon wieder da, der Satz, der Schlimmes prophezeit oder auch bevorstehendes Versagen zum Inhalt hat.

Was mach ich nur, wenn Roxy (ein intakter Rüde, ein unangeleinter Hund ...) auftaucht? ist ein Beispiel, das gleich beide Befürchtungen beinhaltet. *Was tu ich nur* suggeriert Hilflosigkeit (Ich werde in dieser Situation nichts tun können), *wenn Roxy auftaucht* bezieht sich auf die bevorstehende Gefahr. Oftmals steckt hinter einem solchen Satz auch ein destruktiver innerer Kritiker, der sich mit Einflüsterungen wie etwa *Das schaffst du ohnehin nicht* bemerkbar macht.

Trotz einer gewissen Ähnlichkeit möchte ich phrasenhafte Gedanken wie diese von den sogenannten *Glaubenssätzen* unterscheiden. Letztere sind tiefe Überzeugungen, die unser Leben prägen. Für sie ist die folgende Technik nicht geeignet und wir werden uns diesem Thema später zuwenden.

Die Sätze, von denen hier die Rede ist, beziehen sich auf konkrete Situationen, die man befürchtet. Sie erscheinen vor dem inneren Ohr in der Regel im immer gleichen oder ähnlichen Wortlaut und wiederholen sich andauernd. Selbstverständlich sind sie nicht hilfreich, denn sie verstärken schlechte Gefühle, in der Folge den Stress und damit den Tunnelblick, der die Handlungsfähigkeit einschränkt.

Wenn wohlbekannte stressverstärkende Gedanken in Ihrem Kopf auftauchen, können Sie einen weiteren Trick anwenden: Verändern Sie die Eigenschaften der inneren Stimme. Das hindert Sie daran, in einen inneren Monolog zu versinken und damit eine Worrying-Schleife loszutreten. Vor allem nimmt dieser Kniff verinnerlichten Befürchtungen die Macht, Sie in immer schlechtere Zustände zu versetzen.

Sorgen und Befürchtungen sind, wie wir gesehen haben, praktisch immer im auditiven Bereich angesiedelt. Wir tragen sie dem inneren Ohr vor. Dasselbe gilt für den fiesen inneren Kritiker. Ich meine damit ausdrücklich nicht den inneren Kritiker, der für gesunde Selbstkritik steht. Der ist nämlich sehr wichtig. Er spornt uns an, immer weiter zu lernen, er bewahrt uns davor, in Selbstgefälligkeit abzugleiten. Ich spreche hier von jener Art von Kritiker, der eigentlich nur unkt und meckert, uns einreden will, was wir alles nicht können, nie können werden, ohnehin falsch machen, immer weiter falsch machen werden und überhaupt... Und ich rede von Sorgen, die uns annehmen lassen, dass ohnehin das Schlimmste vom Schlimmen passiert. Solche inneren Störenfriede tauchen in der Regel immer in derselben Formulierung und auch in einer ganz bestimmten Form auf. Form und Inhalt schwächender Denkmuster sind stark miteinander verbunden – warum?

Bei vielen schwächenden Denkmustern wie *Das schaffst du ja doch nicht!* handelt es sich um Sätze, die wir irgendwann wirklich gehört haben, in unserer Kindheit vielleicht von Lehrern, von den Eltern oder anderen Erwachsenen. Vielleicht haben wir sie aber auch erst später im Leben von Autoritätspersonen übernommen. Sie sind den Weg vom Hörsinn direkt in unser Gefühlszentrum gegangen und haben sich dort festgesetzt. Und immer noch hören und fühlen sie sich genauso an wie damals, auch wenn sie nur noch in unserem Kopf existieren. Allerdings ist genau das auch der Grund, warum diese inneren Stimmen ihre Macht über uns nicht aufrechterhalten können, wenn wir ihre Eigenschaften verändern.

Kennen Sie sie noch, die guten alten Plattenspieler für Vinyl-Platten? Sie sollen ja inzwischen wieder sehr beliebt sein. Auf jeden Fall sind sie ein gutes Modell für die folgende psychologische Technik. Die „Platte" ist das Denkmuster, das in Form einer Floskel immer wieder im Kopf auftaucht. Das passiert meist dann, wenn wir Gelassenheit, Ruhe und Konzentration dringend brauchen würden, was aber durch das „Abspielen der Platte" unmöglich gemacht wird.

Der „Plattenspieler" ist unser flexibles, lernfähiges Gehirn, das „die Platte" mit verschiedenen Modulationen abspielen kann.

Die Plattenspielertechnik –
Die Eigenschaften der inneren Stimme verändern

- Wie formulieren Sie Ihr schwächendes Denkmuster genau? Ist es eine Sorge, die mit „Ogottogott, gleich wird ..." oder „Hoffentlich wird nicht ..." beginnt? Ist es eine destruktive Kritik wie „Das schaffe ich ohnehin nicht" oder „Ich kann nicht ..."? Am besten schreiben Sie die Formulierung auf.

- Vielleicht können Sie feststellen, ob die innere Stimme, die diesen Satz vorträgt, eher von vorne, von hinten, von links oder von rechts kommt. Wenn Sie das Gefühl haben, sie ist einfach in Ihrem Kopf und Sie können Sie nicht genauer orten, ist das auch in Ordnung.

- Stellen Sie sich nun bitte vor, die Stimme käme aus einem imaginären Plattenspieler. Ihr Plattenspieler verfügt über steuerbare Stereokanäle. Drehen Sie mal den linken Kanal ganz ab und schicken Sie den „Sound" der Floskel auf die rechte Seite. Wie fühlt sich das an? Anders? Besser? Schlechter?

- Testen Sie die andere Seite. Der rechte Kanal ist jetzt abgedreht, der Satz kommt von links. Was passiert mit dem Satz, wenn Sie ihn so hin- und herschieben? Bringen Sie ihn auch mal vor sich, hinter sich, nach oben oder nach unten und überprüfen Sie die Wirkung. Womit fühlen Sie sich am besten?

- Lassen Sie den Sound in der Position, die die angenehmste war. Benutzen Sie jetzt den Regler für die Abspiel-Geschwindigkeit. Wählen Sie die langsame Geschwindigkeit: Die Stimme wird jetzt ganz tief, während sie den Satz im Zeitlupentempo wiedergibt. Wie fühlt sich das an? Wie verändert sich Ihr Gefühl zum Inhalt des Gesagten? Drehen Sie die Geschwindigkeit wieder zurück.

- Stellen Sie nun zur Abwechslung auf High Speed. Der Satz wird jetzt von einer Art Mickymausstimme gesprochen, sehr schnell und sehr hoch wie in einem Zeichentrickfilm. Wie ist das für Sie, wenn Sie ihn so hören?

- Wenn Sie musikalisch sind, können Sie die Floskel auch vertonen und singen. Das kann Wunder wirken.

- Stellen Sie fest, welche der Veränderungen die stressverstärkende Floskel am stärksten entmachtet hat. Spielen Sie den Satz in Ihrer Vorstellung an dem Ort und mit der Geschwindigkeit ab, die für Sie am angenehmsten war.

Sie können die Plattenspieler-Technik jedes Mal anwenden, wenn Sie Ihre mentale Kraft zusammenhalten müssen, aber von störenden Gedanken belästigt werden. Es geht mit jeder Wiederholung besser, schneller und leichter.

Für das Selbstmanagement von Hundehaltern ist die Plattenspielertechnik (ebenso wie der Wechsel der Sinnesebene zum Visuellen) vor allem dann hilfreich und wirksam, wenn sich aufgrund von konkreten, nicht allzu gravierenden Erfahrungen problematische Denkmuster im Kopf eingenistet haben.

Haben solche quälenden Sätze ihren Ursprung in echten traumatisierenden Erlebnissen oder auch schweren Selbstwertproblemen, oder geht es, wie bereits erwähnt, um tiefsitzende Überzeugungen, reichen einfache Techniken wie diese nicht aus. Sie können jedoch therapeutische Maßnahmen hervorragend ergänzen und unterstützen. Und manchmal kann die Erfahrung der Power, die in diesen „kleinen Formaten" steckt, der Türöffner zur Lösung eines Problems sein, das unlösbar schien. Eine für mich unvergessliche Geschichte ist die von Christiane und Axel.

Als mir Christiane am Telefon ihr Problem mit Schäferhund Axel schilderte, schätzte ich dieses als ziemlich gravierend ein. Sie bat mich, sie aufzusuchen, weil sie von der Angst gequält würde, ihr Hund könnte auf einen anderen Hund losgehen oder gar ein Kind anfallen. Sie lebte mit dem zweijährigen Axel allein und sagte, dass sie sich kaum traute, Besuch einzuladen. Spaziergänge mit dem Hund würde sie nur unternehmen, wenn sie relativ sicher sein konnte, keinen anderen Hunden und auch nicht allzu vielen Leuten zu begegnen.

Als ich Christianes Haus betrat, hielt sie Axel am Halsband. Der Hund signalisierte mit seinem gesamten Ausdrucksverhalten Freundlichkeit – und Neugier. Als ich Christiane darum bat, ließ sie ihn sehr zögerlich los. Sie selbst wirkte – abgesehen von ihrer Sorge wegen des Hundes – gar nicht wie jemand, der von großen Ängsten geplagt wird. Sie war eine junge Frau, die so aussah, als würde sie mit beiden Beinen im Leben stehen. Und Axel? Er zeigte sich etwas ungestüm, ja, aber auf die freundliche und liebenswerte Weise eines noch jungen Tieres.

Als Christiane und ich im Wohnzimmer Platz nahmen, um miteinander zu sprechen, legte Axel seinen Kopf in meinen Schoß. Er genoss es sichtlich, von mir, einer Fremden, gekrault zu werden. Die Geschichte, die ich von Christiane am Telefon gehört hatte, und das, was ich sah, passte einfach nicht zusammen.

Meine Frage, ob der Hund jemals Anzeichen von Aggressivität gegen andere Hunde oder Menschen gezeigt hat, beantwortete sie mit Nein. Ich wollte wissen, seit wann Christiane diese Angst spürte. Seit einem Jahr, sagte sie, seit sie mit Axel in einer Hundeschule war. Der Trainer dort habe sie immer wieder ermahnt, mit „diesem Hund" vorsichtig zu sein. Einen konkreten Anlass für die Warnungen habe es ihrer Ansicht nach nicht gegeben. Das Training in der Hundeschule habe sie abgebrochen, aber die Sätze des Trainers würden nach wie vor in ihrem Kopf herumspuken und hätten von ihrem Gefühl Besitz ergriffen. Einen weiteren Versuch in einer anderen Hundeschule habe sie sich nicht zugetraut, schon der Gedanke daran habe ihr Furcht eingeflößt. Christianes Besorgtheit hatte sich mit der Zeit zu einer veritablen Angst ausgewachsen.

Ich fragte Christiane, ob sie den genauen Wortlaut der Warnung des Hundetrainers noch im Kopf hätte. Ja, sagte sie. Der Trainer habe mehrmals solche Dinge gesagt. Aber der Satz, mit dem er sie zum ersten Mal auf die (angebliche) Gefährlichkeit ihres Hundes hingewiesen hätte, der sei ihr im Kopf geblieben. Sie höre ihn noch immer vor ihrem inneren Ohr. Er lautet: „In dem (Axel) steckt ein großes Aggressionspotenzial. Sei vorsichtig mit Kindern und anderen Hunden."

Als ich Christiane bat, die Stimme in ihrem Kopf näher zu beschreiben, sagte sie, es sei eine männliche Stimme, die ihres damaligen Trainers. Auf meine Frage, ob sie die diese lokalisieren könne, deutete sie über ihren Kopf nach hinten. Sie hörte die Stimme so, als würde sie von hinten/oben kommen. Auf meinen Vorschlag hin, sich einmal vorzustellen, sie käme von vorne und von weiter unten, stellt sie fest, dass der Ausspruch des Trainers so keinerlei Macht über sie hatte. Sie empfand keine Angst mehr. Christiane schaute mich fast ungläubig an und wollte wissen, was hinter diesem „Wunder" steckt.

Es kommt öfter vor, dass Menschen, die irgendwelche „Leitsätze" stark verinnerlicht haben, diese aus der Position hinten-oben oder auch von vorne-oben hören. Das sind die Positionen, aus der häufig elterliche Warnungen oder Anordnungen kommen, wenn wir noch Kinder sind. Erwachsene sind nun mal größer und reden gewissermaßen von oben auf die Kinder herunter. Wenn wir einen Satz, eine Stimme auf diese Weise innerlich repräsentieren, kann das ein Ausdruck dafür sein, dass wir der Person, die ihn ursprünglich gesagt hat, eine große Autorität zusprechen.

Wenn sich nun jemand schon seit längerer Zeit kaum mehr mit dem eigenen Hund nach draußen traut und wegen des Hundes so gut wie niemanden mehr ins Haus lässt, ist das ein massives Problem. Natürlich verschwinden solche Ängste und Sorgen nicht komplett und dauerhaft, wenn man einfach einmal einen belastenden Gedanken von hier nach dort schiebt. Dennoch war diese Erfahrung für Christiane der erste und wohl auch wichtigste Schritt.

Dass die Veränderung so überraschend schnell eintreten konnte, hatte unter anderem damit zu tun, dass Christiane bereits eine erwachsene Frau war, als der Trainer sie mit seiner Warnung in Angst und Schrecken versetzte. Je später im Leben uns Befürchtungs-Phrasen eingepflanzt werden, desto instabiler sind sie. In jedem Fall hat die Erfahrung der schnellen und deutlichen Entlastung durch die Plattenspieler-Technik Christiane Mut gemacht. Sie konnte sich nun vorstellen, dass sie es schaffen würde, die Angst ganz zu besiegen und das Problem zu lösen.

In der Folge halfen ein paar EMDR-Stunden (EMDR werde ich später noch genauer vorstellen), ein paar Stunden kreatives und freies Tricktraining mit Axel, um Spaß und Freude an der Arbeit mit dem Hund zurückzuholen und Christianes Selbstvertrauen in die eigenen Fähigkeiten als Trainerin ihres Hundes zu stärken. Die Reste der Angst haben wir verhaltenstherapeutisch entmachtet. Nach ein paar Wochen waren Christiane und Axel ein fröhliches und unternehmungslustiges Mensch-Hundeteam.

Nach einem Jahr habe ich von Christiane die Rückmeldung bekommen, dass weder ihre Ängste zurückgekehrt seien noch Axel jemals irgendwelche Anstalten gemacht hätte, andere Hunde oder Menschen anzugehen.

Da Christiane nicht die einzige unter meinen Klientinnen ist, bei der ein Trainer Misstrauen gegen den eigenen Hund geschürt hat, rate ich bei solchen Warnungen immer, sofort nachzufragen. Bitten Sie Ihren Trainer oder Ihre Trainerin in dem Fall, Ihnen zu erklären, an welchen wahrnehmbaren Verhaltensweisen er/sie die Beurteilung des Hundes festmacht. Gute, professionelle Trainer werden Ihnen die Anzeichen für aggressives Verhalten gerne erklären, wenn sie solche bemerkt haben – genau und konkret. Womit wir schon beim nächsten Thema wären.

Was sollen denn die Leute denken! – Hypnotische Sprachmuster und was sie bewirken

Kann Ihr Hund hypnotisieren? Die meisten Hunde können das ganz gut. Da gibt es diese gewissen Blicke ... Sie treffen Zweibeiner direkt ins Herz, steuern Menschenhände so, dass diese wie ohne eigenes Zutun nach dem Leckerchen greifen oder vielleicht ins Fell zum Kraulen, auch wenn Frauchen oder Herrchen gerade etwas ganz anderes machen wollte ...

Das mit der Hypnose durch Hunde ist nicht ganz ernst gemeint, das Folgende aber schon: Wir Zweibeiner „hypnotisieren" uns häufig selber, beeinflussen unsere Stimmung, unseren Gemütszustand und unsere Gefühle. Wir machen das durch die Art, wie wir uns Dinge innerlich sagen. In der Regel bleibt die Selbsthypnose unbewusst, das heißt, wir bemerken nicht, dass wir es tun, und erst recht nicht, wie es sich auswirkt. Was aber bedeutet Hypnose überhaupt?

Hypnose ist letztlich nichts anderes als ein *nach innen gerichteter* Zustand, wobei die Aufmerksamkeit stark auf einen bestimmten Gegenstand fokussiert ist. Diesen Zustand nennt man Trance und er kommt in ganz unterschiedlichen Ausprägungen, den sogenannten Trancetiefen vor.

Schon, wenn Sie tief in die Handlung eines Buches versinken, wenn dabei die Geschichte wie ein Film vor Ihrem inneren Auge abläuft und Sie alles um sich herum vergessen, ist dies eine leichte Form der Trance. Bühnenhypnotiseure versuchen, bei den Hypnotisierten eine tiefere Trance zu erreichen, in der auch skurrile Suggestionen angenommen werden („Du bist ein Hahn. Du stehst auf dem Misthaufen und krähst laut"). Hypnosetherapeuten dagegen arbeiten in der Regel mit sehr leichten Trancen, sodass die Klienten oft regelrecht enttäuscht sind, weil sie sich nicht hypnotisiert fühlen.

Dass in der therapeutischen Hypnose die Trancezustände so leicht und die Klienten zwar tief entspannt sind, aber alles bewusst mitbekommen, tut der Wirkung der Therapie jedoch keinen Abbruch – im Gegenteil. Hypnose ist eine auf ihre Wirksamkeit überprüfte, anerkannte therapeutische Methode. Sie kann helfen Ängste abzubauen, Süchte und Abhängigkeiten zu besiegen, Schmerzen zu lindern und vieles mehr.

Eine der wichtigsten Methoden, jemanden in Trance zu versetzen, ist die Anwendung einer bestimmten Art der Sprache. Hypnotiseure und Hypnosetherapeuten verwenden dabei ganz spezielle Sprachmuster und Formulierungen – die *vage* oder auch *hypnotische Sprache*. Der Hypnosetherapeut würde vielleicht etwas sagen wie: „Und während Sie meine Stimme hören, spüren Sie, wie sich eine tiefe Ruhe in Ihrem ganzen Körper ausbreitet ... mit jedem Atemzug können Sie tiefer und tiefer entspannen ... und in Ihre innere Welt eintauchen ... all die Erfahrungen finden, die Sie jetzt gerade brauchen ..." Das ist sogenannter *Fluff*, vage Sprache. Es sind Wörter und Sätze, die nichts Konkretes, Greifbares aussagen.

Unkonkrete Wörter wie *Ruhe, entspannen, Erfahrung* und so weiter nennt man *Worthülsen*. Bietet uns jemand solche „Hülsen" an, müssen wir diese erst mit Bedeutung füllen. Während wir uns auf die Suche nach Bedeutung und Sinnzusammenhängen machen, ist unsere Aufmerksamkeit stark nach innen gerichtet. Man nennt diesen Zustand auch *Downtime*. Die Außenwelt ist dabei weitgehend ausgeblendet, wir sind mit inneren Bildern, mit Monologen und mit Gefühlen beschäftigt.

In der Hypnosetherapie nutzen wir die vage Sprache, um den Klienten durch den Downtime-Zustand in seine innere Welt, in den Downtime-Zustand zu führen. Hypnotische Sprachmuster geben dem Klienten Raum für seine ureigensten Erfahrungen, der Downtime-Zustand hilft ihm, seine inneren Kraftquellen aufzuspüren und sie nutzbar zu machen.

Auch im Alltag reden wir alle immer wieder in vager Sprache mit uns selber. Wir können auf diese Weise in uns hineinlauschen, entspannen, vergessene Fähigkeiten und gute Erfahrungen wiederentdecken, schöne Erinnerungen nacherleben und in ihnen schwelgen, Ziele finden und vieles mehr. Eine gute Sache, nicht wahr? (Übrigens ... strenggenommen ist auch ein angehängtes „nicht wahr?" ein hypnotisches Sprachmuster, da es den anderen dazu einlädt, in seiner inneren Welt nach der Antwort „Ich stimme zu" oder „Ich stimme nicht zu" zu suchen.)

Wie aber sieht es mit einem Satz wie dem oben angeführten aus: *Was sollen denn die Leute denken!?* Er ist absolut vage formuliert (Leute? Wer genau sind denn diese Leute? Wer genau denkt etwas? Was denn? Denken alle Leute dasselbe?). Er führt zu Unterstellungen („Die Leute" denken bestimmt schlecht über mich!). Insgesamt erzeugt ein solcher Satz ganz sicher keine Entspannung und keine guten Gefühle. Ganz im Gegenteil.

Wir stellen fest: Vage Sprache ist weder gut noch schlecht. Es kommt auf den Zusammenhang an. Ob unsere Aufmerksamkeit eher nach innen gewandt sein sollte oder besser nach außen, hängt einzig und allein von der jeweiligen Situation und unseren Zielen ab.

Sind wir gerade mit anderen Menschen oder mit Tieren zusammen, brauchen wir eine gute Wahrnehmung für unseren menschlichen oder tierischen Partner (und die Welt um uns herum). Den Gesamtzustand eines Menschen, dessen Aufmerksamkeit nach außen gerichtet und dessen Wahrnehmung genau und lebendig ist, nennt man *Uptime*-Zustand.

Der Uptime-Zustand ermöglicht es uns, mit anderen Lebewesen zu kommunizieren, aber auch, bei auftretenden Problemen schnell und effektiv zu reagieren. Der Uptime-Zustand ist ideal für das Training mit dem Hund und für den Hundespaziergang – und das nicht nur, wenn man mit Rambo auf vier Pfoten unterwegs ist. Das Versinken in der inneren Welt, in Tagträumen und Selbstgesprächen ist auf Hundespaziergängen kein bisschen förderlich. Wir alle wünschen uns einen guten Kontakt zum Hund. Wenn wir das Miteinander spüren und genießen wollen, ist die erste Voraussetzung ein guter Uptime-Zustand des Menschen mit offenen, nach außen gerichteten Sinnen.

Problematisch ist der Downtime-Zustand auch dann, wenn wir auf diese Art und Weise über Probleme, Sorgen, Ängste oder (negative) Überzeugungen nachdenken. Mit denselben Sprachmustern, die so unterstützend und förderlich sein können, hypnotisieren wir uns in dem Fall nämlich selbst in Problemzustände hinein. Sorgen, Ängste und Belastungen aller Art ständig werden so ständig verstärkt und stehen irgendwann im Mittelpunkt des Lebens.

Wenn wir über Probleme nachdenken, wenn wir unsere Handlungen analysieren, ist es wichtig, dies in einer möglichst klaren, konkreten Sprache zu tun. Und es ist hilfreich, ein gewisses Bewusstsein für Sprachmuster zu entwickeln. Das schützt uns davor, schlechte Gefühle durch unbemerkte Selbstsuggestion verstärken.

Typische Bespiele für hypnotische/vage Sprache

1) Universalbegriffe wie *alle, jeder, keiner, nie, niemand* und *man* ...

Diese Ausdrücke sind vage, weil sie nicht konkretisieren, wer gemeint ist. Wer genau ist „alle" oder „jeder"? Und wer ist „man"? Universalbegriffe sind gnadenlos – schauen Sie, was sie anrichten können: „Keiner liebt mich" (ein Klassiker!) – ist das nicht tragisch? Keiner! Das ist doch zum Verzweifeln! Am besten, man verabschiedet sich von dieser Welt unter solchen Umständen, oder? Dabei ist „keiner" nur ein Wort, ein Wort, das mit 99 % Wahrscheinlichkeit nicht einmal der Wahrheit entspricht.

Wie fühlt es sich an, zu sagen: „*Alle* haben Hunde, die auch zu anderen freundlich sind (nur ich nicht)"? Nicht sehr gut, oder? Wie ist es dagegen mit der schlichten und konkreten Feststellung, dass der Hund zu bestimmten anderen Hunden (groß, klein, bestimmte Rassen, bestimmtes Geschlecht ...) unfreundlich ist? Noch immer kein gutes Gefühl, aber doch schon deutlich besser, oder? Der generalisierende Ausdruck „alle" (außer mir) erzeugt innere Bilder, die ebenso niederschmetternd wie unrealistisch sind. Wie wäre es stattdessen mit einer etwas konkreteren und realistischeren Beschreibung der Situation, wie etwa: „Ich gehöre zu den Menschen, die einen leinenaggressiven Hund haben." Das Problem (hier: Leinenaggression) besteht immer noch. Aber der Betreffende ist nicht mehr allein auf der Welt damit. Er ist nicht mehr der „einzige Versager" weit und breit. Allein durch diese Formulierung eröffnen sich Handlungsoptionen: Was machen andere, die dasselbe Problem haben wie ich? Welche Trainingswege gibt es? Welche Trainingswege wären für mich und meinen Hund geeignet? Was für einen Unterschied macht es, ob jemand denkt: „Mein Hund hört *nie* auf mich" oder (konkret): „Als ich vorhin meinen Hund gerufen habe, hat er nicht auf mich reagiert"?

So konkretisieren Sie Universalbegriffe: Überprüfen Sie einfach, ob es Ausnahmen gibt und welche: Wirklich alle? Ohne Ausnahme? Man? Wer genau ist das denn? Was genau ist gemeint?

2) Einschränkende Begriffe und Vorschriften wie *sollte, muss, kann nicht, sollte nicht* ...

Solche Begriffe sind vage und damit „hypnotisch", weil sie uns keine Information geben, wer diese Gebote und Vorschriften eigentlich aufstellt oder wozu es gut ist, sie einzuhalten. Durch die Verwendung einschränkender Begriffe erschaffen wir in unserer inneren Welt eine ungreifbare „graue Eminenz", die uns unter Druck setzen kann, wo wahrscheinlich gar kein Druck erforderlich ist.

So konkretisieren Sie einschränkende Begriffe: Was würde geschehen, wenn ich es nicht täte? Wer genau bestimmt, was „man" oder ich sollte oder nicht sollte? Was genau heißt beispielsweise „kann ich nicht"? Kann ich es nicht, aber ich kann es lernen? Kann ich es nicht, weil ich vielleicht noch gar nicht versucht habe, es zu lernen?

Diese beiden Kategorien vager Sprachmuster sind die bedeutendsten im Zusammenhang mit inneren Monologen. Es gibt noch etliche andere, die zum Teil für Selbstgespräche, aber vor allem in der Kommunikation mit anderen Menschen wichtig sind.

Verben: Wer würde schon meinen, dass ein Verb wie *beißen* „vage" sein kann? Konkreter geht es doch kaum mehr, oder? Schauen Sie sich einmal folgenden Satz an: „Mein Hund hat mich gebissen." In dem Fall ist das Vage an der Aussage, dass sie dem Adressaten die Informationen vorenthält, die dieser haben müsste, um sich ein klares Bild zu machen.

Was heißt „gebissen"? Hat er geschnappt oder mit voller Kraft zugebissen? In welcher Situation? Aus welcher Stimmung heraus… Ist nicht „Mein Hund hat mich gebissen" ungleich dramatischer als genau zu beschreiben, was passiert ist? Zum Beispiel: „Als ich Foxi hochheben wollte, schnappte er plötzlich nach meiner Hand, sodass ich leicht blutete." Ich finde, die erste, die vage Version fühlt sich an wie in Fels gemauert. Endstation. Die konkretere Formulierung eröffnet Möglichkeiten nachzuforschen, was denn der Hintergrund des Vorfalls war, und in der Folge nach Lösungen zu suchen. Und es macht in der Regel einen großen Unterschied für den Menschen, der diese Erfahrung machen musste.

Adjektive: Besondere Achtsamkeit ist auch bei Eigenschaftswörtern angebracht. In vielen Fällen sind diese vage und vor allem wertend. „Ich habe die Situation *schlecht* gemanagt" ist eine wenig hilfreiche Aussage. Schaue ich mir aber an, wie – oder in Bezug worauf ich etwas schlecht gemanagt habe, kann das weiterhelfen.

Bleiben wir beim Klassiker, dem leinenaggressiven Hund. Der eigene Hund hat den anderen aggressiv angebellt und es wäre beinahe zu einer Beißerei gekommen. Der Hundehalter kennt bereits etliche Maßnahmen, die das Problem nicht aus der Welt schaffen, aber doch deutlich weiterhelfen: Splitten, also den eigenen Hund auf die zum anderen abgewandte Seite nehmen, einen kleinen Bogen laufen, falls der Platz dafür ausreicht, einen Fixpunkt anvisieren und so weiter. Er hat aber in diesem Fall zu langsam reagiert, sodass es für all diese Kunstgriffe zu spät ist. Sagt er sich nun: „Ich habe die Begegnung *schlecht* gemanagt", tauchen Gefühle des Versagens auf – gefolgt von Resignation. Schon einen Bezug herzustellen, hilft weiter: „Ich habe die Situation schlechter gemanagt als eine ähnliche vorige Woche." Das ist deutlich konkreter als die Aussage, sie eben schlecht gemanagt zu haben. Somit lässt sich herausfinden, worin der Unterschied liegt und daraus lernen.

Eine konkrete Formulierung kann der Einstieg zu einer hilfreichen Problemanalyse sein. Sie hilft dabei, Lösungsansätze zu finden oder sich die bekannten Lösungsansätze wieder bewusst zu machen, was bei der nächsten Begegnung weiterhelfen kann. Vor allem aber führen konkrete Aussagen praktisch nie zu einem so ausweglosen „Total-Versager-Gefühl", wie das vage Aussagen tun.

Substantive: Unkonkrete Hauptwörter, Worthülsen also, kommen in der Alltagssprache besonders häufig vor. Ich erinnere mich an eine Fernseh-Talkshow mit dem Titel *Wie wichtig ist Treue für eine Beziehung?* Es hat eine geschlagene halbe Stunde gedauert, bis die Diskussionsteilnehmer bemerkt haben, dass jeder von ihnen unter Treue etwas anderes versteht. Weitere typische Beispiele für vage Substantive sind: *Freude, Gewalt, Gewaltfreiheit, Stress, Liebe, Eifersucht, Fähigkeit, Aufmerksamkeit …*

All diese Wörter sind nicht etwa überflüssig. Sie sind Teil unserer Sprache und wir brauchen sie. Aber wir sollten klären, was genau sie für uns bedeuten. Menschen können mit vagen Ausdrücken über ganz unterschiedliche Dinge miteinander reden, ohne es zu bemerken. Ein Beispiel: Fast jeder Hundetrainer, einschließlich derjenigen, die mit Kettenwürgern und sogenannten Rangreduktionsprogrammen arbeiten, werden einem Satz wie *Man muss vor dem Hund Respekt haben* zustimmen. Er enthält gleich drei vage Ausdrücke: *man, muss, Respekt*. Vor allem aber ist hier das Substantiv *Respekt*, das für unterschiedliche Personen so Unterschiedliches bedeutet, dafür verantwortlich, dass jeder zustimmen kann, ohne zu lügen.

Vage Sprachmuster bewirken, dass wir Inhalte des Gesagten mit unseren eigenen Vorstellungen versehen. Wir ordnen sie daher als passend ein und nehmen sie leicht an. Nicht umsonst enthalten Politikerreden überdurchschnittlich viele vage Sprachmuster. Und nicht umsonst sind hypnotische Ausdrücke und Wendungen in der Werbung beliebt.

In unserem Zusammenhang ist es besonders wichtig zu verstehen, dass wir Menschen uns durch vage Sprache selbst in Problemzustände hineinhypnotisieren können. Gehen Sie also sorgsam mit der Sprache um, auch dann, wenn Sie über sich oder über Probleme nachdenken. Es ist eine gute Sache, die sprachliche Achtsamkeit zu schulen. Sie brauchen dazu keine linguistischen Kategorien auswendig zu lernen. Überprüfen Sie einfach, wie genau und konkret das ist, was Sie sich selber erzählen. Hinterfragen Sie, welche inneren Bilder das Gesagte bei Ihnen auslöst. Schauen Sie, wie weit diese inneren Bilder der Realität entsprechen. Und achten Sie vor allem darauf, was diese mit Ihnen machen.

Ach ja, und hier kommt noch Ihr Horoskop für heute:

Jupiter eröffnet Ihnen tolle Möglichkeiten. Welche werden Sie ergreifen? Die Wahl fällt Ihnen nicht schwer, denn Sie wissen, was Sie wollen. Ideen, die Sie unter diesem Aspekt anstoßen, werden durchschlagenden Erfolg haben.

Zusammenfassung

Gedanken / Innere Monologe managen

- Üben Sie sich möglichst oft in der Kunst des Denkens in Bildern. Lassen Sie Ihre Gedanken zu inneren Bildern und Filmen werden.

- Wenn Sie auf dem Hundespaziergang in Gedankenkreisel abdriften, vor allem aber, wenn Sie in eine kritische Situation kommen, fokussieren Sie sich sofort auf einen Fixpunkt vor Ihnen und lassen Sie sich von diesem regelrecht anziehen.

- Entmachten Sie belastende innere Kommentare, die sich dauernd wiederholen, indem Sie die Eigenschaften der inneren Stimme verändern, die sie zum Besten gibt. Belastende und lästige Slogans dieser Art sind oft von anderen Personen eingepflanzte Sätze. Wenden Sie die Plattenspieler-Technik an.

- Achten Sie auf konkrete und möglichst genaue Formulierungen, wenn Sie über Probleme sprechen oder nachdenken.

5. „Wie der heilige Franz"

Zurück zur Selbstwirksamkeit

Es ist eine gute Idee, einen guten, erfahrenen Hundetrainer zuzuziehen, wenn es Probleme mit dem Hund gibt. Oftmals aber kann man folgendes Szenario beobachten: Der Trainer wird aufgesucht, dessen Anweisungen werden aber nur zögerlich oder gar nicht umgesetzt (selbst dann, wenn sie schlüssig erscheinen). Der Erfolg bleibt so natürlich aus – und der Trainer wird gewechselt. Oft wiederholt sich das mehrmals und mancher Hundehalter ist am Ende völlig verwirrt durch diverse Herangehensweisen, Methoden und „Philosophien", die einander oftmals auch noch widersprechen. Das Problem allerdings ist nicht gelöst. Und inzwischen hat sich auch noch das letzte bisschen Glauben an eine Lösung in Luft aufgelöst.

Die Ursachen für ein Trainerhopping und/oder das ständige Ausprobieren neuer Hundetrainingsmethoden liegen meist darin, dass der Betreffende das Vertrauen verloren hat, *auch selber* etwas bewirken zu können. Auch wirklich gute Hundetrainer können erst dann wirkungsvoll arbeiten, wenn der Hundehalter aktiv mitmacht. Dieser muss dafür als allererstes ein Stück Selbstwirksamkeit zurückerlangen, sodass aus dem unkontrollierbaren Stress (Belastung) kontrollierbarer (Herausforderung) werden kann.

So war es auch mit Christian, der an einem meiner Seminare teilnahm. Christian und seine Frau Jenny hatten den Mischlingsrüden Spike von Bekannten übernommen, als dieser knapp drei Jahre alt war. Ich konnte Christian ansehen, dass es ihm äußerst unangenehm war, über sein Problem zu sprechen. Er berichtete, dass Spike, der bei den Vorbesitzern schon ein wenig Erziehung genossen hatte, seiner Frau gut gehorche, ihn jedoch ignoriere.

„Wenn Jenny den Spike ruft, kommt er sofort angetrabt", berichtet Christian. „Bei mir stehen die Ohren auf Durchzug. Wenn ich mal mit Spike allein spazieren gehen möchte, muss ich Jenny bitten, dass sie uns wenigstens das erste Stück begleitet, sonst kommt er gar nicht mit."

Christian liebte Spike, er hatte sich auf den Hund gefreut – und dann das!

So verlief unser weiteres Gespräch:

E.B.: Wenn du das Problem in einem Satz schildern müsstest – wie würdest du es zusammenfassen?
Chr.: Der Spike ignoriert mich total.
E.B.: Wie zum Beispiel? Wie sieht das konkret aus, wenn er dich ignoriert?

Chr.: Wenn ich ihn rufe, tut er, als hätte er mich nicht gehört. Bei Jenny kommt er aber sofort.

E.B.: Er kommt bei Jenny immer und bei dir nie? Oder gibt es Ausnahmen?

Chr.: Na ja, manchmal folgt er auch Jenny nicht.

E.B.: Kommt es denn auch vor, dass er zu dir kommt, wenn du ihn rufst?

Chr.: *(denkt nach)* Hm, ja, ab und zu schon.

Ich frage an dieser Stelle bewusst nicht, welche Situationen das sind, in denen Spike auf Christians Rufen reagiert. Das wird erst dann wichtig, wenn es um die Arbeit mit dem Hund geht. Jetzt dreht sich das Gespräch erst einmal nur um das Herrchen und die Denkmuster der Aussichtslosigkeit, die sich in seinem Kopf (verständlicherweise) eingenistet haben. Wir sind dabei, sie ein Stück weit zu entmachten, indem wir sie konkretisieren. Die sehr belastende Vorstellung, TOTAL ignoriert zu werden, während der Hund auf Jenny IMMER hört, gerät bereits ins Wanken.

E.B.: Es gibt also Ausnahmen.

Chr.: *(nickt)* Ja schon. Manchmal.

E.B.: Hast du noch ein Beispiel für das Verhalten von Spike?

Chr.: Wenn Spike ein Spielzeug hat, gibt er es nicht mehr her. Jenny kann mit ihm spielen, weil er die Sachen ausgibt. Bei mir macht er das nicht.

E.B.: Nie? Oder hat er es dir schon mal gegeben?

Chr.: *(schüttelt den Kopf)*

Spike muss das Ausgeben bereits gelernt haben, sonst würde es mit Jenny auch nicht klappen. Jenny ist nicht da, Spike auch nicht. Ich kann mir die Situationen nicht ansehen, bin aber relativ sicher, dass das Problem mit der Körpersprache und dem Timing von Christian zu tun hat. Das wird also eine Aufgabe sein, die im Training mit dem Hund angegangen werden sollte – die muss warten.

E.B.: Gut. Dazu habe ich eine Trainings-Idee. Ist es in Ordnung für dich, wenn wir später darauf zurückkommen?

Chr.:	(nickt)
E.B.:	Gibt es noch so eine typische Situation, in der du das Gefühl hast, dass Spike dich ignoriert?
Chr.:	Na ja, nicht wirklich ignoriert, aber immer, wenn ich allein mit ihm rausgehen möchte, macht er eben dieses Theater. Das ist totaler Mist! Wenn ich mit ihm das Haus verlassen will, macht er sich ganz steif und will nicht mitgehen.

Ich sehe Christian an, dass es ihm mit dieser Sache überhaupt nicht gut geht. Ich lasse daher das „Immer" stehen und frage nach dem Gefühl:

E.B.:	Wie geht es dir, wenn du merkst, dass er nicht mitkommen will?
Chr.:	(schweigt kurz, sieht nach unten) Mies. Ich glaube, ich bin beleidigt. Also, irgendwie gekränkt.
E.B.:	Ich bin sicher, das ginge mir an deiner Stelle genauso.

Schlechte Gefühle wie diese sind häufig unterdrückt. Vielen Menschen ist es so peinlich, sich ignoriert, vielleicht sogar abgelehnt zu fühlen, dass sie sich das oft selbst nicht eingestehen. Solche Gefühle lassen sich jedoch am besten und schnellsten entmachten, indem man sie ins Bewusstsein holt. Um das tun zu können, muss der Betreffende erkennen, dass es in Ordnung und „normal" ist, sie zu haben (und ich bin wirklich sicher, dass es mir in seiner Situation ganz ähnlich ginge).

E.B.:	Christian, du hast mir drei Beispiele für das Verhalten von Spike genannt, das dazu führt, dass du dich gekränkt fühlst: das Abrufen, das Ausgeben von Spielzeug und das Rausgehen. Was hast du denn schon ausprobiert, um das zu verändern?
Chr.:	Wir haben eine Hundetrainerin zugezogen.
E.B.:	Erzählst du mir, was sie euch geraten hat und was rauskam?
Chr.:	Sie hat gesagt, dass für längere Zeit nur noch ich den Spike füttern und auch beachten soll. Jenny sollte ihn weder ansprechen noch streicheln und schon gar nicht füttern. Das mit dem Füttern wäre ja noch in Ordnung gewesen, aber das andere... wir haben das nicht durchgehalten. Jenny hat es irgendwie nicht ausgehalten, und mir hat es leidgetan. Sie war richtig traurig und genervt.

Es war auch organisatorisch schwierig, weil ich manchmal zur Futterzeit noch auf Arbeit bin.

E.B.: Ihr habt das Experiment also beendet. Wie ist es dir gegangen, als ihr das beschlossen habt?

Chr.: Einerseits war ich erleichtert, andererseits hab ich mir gedacht, dass das alles keinen Sinn hat. Der Spike akzeptiert mich einfach nicht. Nicht einmal eine Hundetrainerin hat da was verändern können. Ich kann halt wahrscheinlich einfach nicht mit Hunden umgehen.

Als ich Christian fragte, was er denn schon ausprobiert habe, um das Problem zu lösen, ging es mir weniger um möglicherweise „falsche" oder „richtige" Trainingstechniken, die er angewandt hatte, als vielmehr um seine Einschätzung seiner selbst. Spürte er im Hinblick auf sein Problem mit Spike noch so etwas wie Spuren von Selbstwirksamkeit? Seine Antworten zeigen, dass das nicht der Fall ist. Was Christian an dem Punkt am allerdringendsten braucht, ist das Gefühl, etwas bewirken zu können.

E.B.: Christian, stell dir mal bitte vor, ich könnte mit einem Fingerschnipp eine Fähigkeit für dich herbeizaubern, über die du auf einmal verfügen könntest, genau die Fähigkeit, die dir wirksam helfen könnte, das Problem zu lösen ... welche wäre das?

An dieser Stelle setze ich bewusst vage Sprache ein. Sie soll Christian unterstützen, sich in seiner inneren Welt auf die Suche nach einer Fähigkeit zu machen, die ihm ein Stück Handlungsfähigkeit zurückgeben kann.

Chr.: *(senkt den Blick, schweigt. Dann zuckt er die Schultern)* Keine Ahnung.

E.B.: Gibt es irgendjemanden, den du kennst und von dem du dir vorstellen kannst, dass er das Problem lösen könnte, wenn er an deiner Stelle wäre?

Chr.: Ich kenne keinen *(schweigt wieder für ein paar Sekunden)*. Das müsste schon so eine Art Franz von Assisi sein.

E.B.: Welche Fähigkeit hatte Franz von Assisi? Was konnte er Besonderes?

Chr.: Er hat die Sprache der Tiere verstanden und sich ihnen verständlich machen können.

E.B.: Ja, das hat er gekonnt. Und wie wäre das, wenn du die Fähigkeit hättest, die Sprache deines Hundes zu verstehen und dich ihm gegenüber verständlich zu machen?

Chr.: *(lächelt)* Das wäre schön.

E.B.: Ja, finde ich auch. Und es würde helfen, die Probleme mit Spike zu lösen?

Chr.: O ja!

E.B.: Das Gute an der Sache ist: Das kann man lernen. Magst du es lernen?

Chr.: *(strahlt)* Ja!

An seinem Gesichtsausdruck sehe ich, dass Christian versteht, was ich meine. Ich rede hier nicht von übersinnlichen Fähigkeiten und auch nicht von der Art, wie Dr. Doolittle mit Tieren sprechen kann. Aber natürlich kann man es bis zu einem gewissen Grad lernen, die Sprache der Tiere immer besser zu verstehen, indem man ihr Ausdrucksverhalten studiert. Und man kann lernen, sich selber dem Hund besser verständlich zu machen, indem man übt, zu denken wie das Tier, indem man Klarheit und gutes Timing übt, und indem man sich das eigene Ausdrucksverhalten über den Körper bewusst macht und die Körpersprache schult. Christian will sich nun einen Hundetrainer oder eine Trainerin suchen, der/die ihn genau dabei unterstützt. Er ist voller Tatendrang.

In diesem Gespräch bin ich einer bestimmten Struktur gefolgt, der des Empowerment-Prozesses. Empowerment bedeutet, dass man jemanden dabei unterstützt, noch ungenutzte eigene Stärken zu entdecken und die eigenen Ressourcen zu fördern. Oft kommt es vor, dass wir in bestimmten Situationen auf Fähigkeiten keinen Zugriff haben, die uns in anderen Zusammenhängen ganz selbstverständlich zur Verfügung stehen. Diese sind meist der Schlüssel zur Problemlösung, daher nenne ich sie auch Schlüsselressource. Im Fall von Christian führte die Suche nach der Schlüsselressource dazu, dass ihm klar wurde: Er kann ganz viel dazu tun und lernen, um die Fähigkeit zu erwerben, seinen Hund besser zu verstehen und sich ihm verständlich zu machen.

Der Empowerment-Prozess

Im Empowerment-Prozess geht es vor allem darum, die Schlüsselressource zu finden, mit ihrer Hilfe die Selbstwirksamkeit zurückzuerlangen und unkontrollierbaren Stress in Herausforderungen zu verwandeln.

• Das Problem

Schreiben Sie Ihr Problem hier so auf, wie Sie es erleben. Fassen Sie es dabei möglichst kurz zusammen.

....

....

• Konkretisieren (Selbsthypnose verhindern)

Achten Sie auf „hypnotische Sprache" in Ihrer Problemschilderung. Haben Sie vage Ausdrücke wie *immer, alles, man, ich muss, ich sollte ...* verwendet? Hinterfragen Sie die vagen Ausdrücke wie weiter oben beschrieben. In welchen Zusammenhängen tritt das Problem auf – immer oder nur unter bestimmten Gegebenheiten? Beschreiben Sie es noch einmal so konkret wie möglich.

....

....

....

....

• Selbstwirksamkeit

Wie schätzen Sie Ihren eigenen Einfluss auf die Problemsituationen ein? Fragen Sie sich: Was habe ich schon ausprobiert? Hat etwas, das ich getan habe, geholfen?

....

....

....

....

• **Emotionen**

Fragen Sie nach Ihren Gefühlen: Wie geht es mir, wenn ....
(der Hund) .... (problematisches Verhalten) macht?

Wie geht es mir, wenn ich sehe, dass ....

Was ist das für ein Gefühl? ....

Nehmen Sie Ihre Gefühle bewusst wahr. Es ist in Ordnung, dass sie da sind.

• **Die Schlüsselressource finden**

Stellen Sie sich bitte vor, eine gute Fee käme zu Ihnen. Sie dürften sich von ihr eine Fähigkeit wünschen, die wirksam helfen könnte, das Problem zu lösen – welche wäre das?

Wenn Ihnen auf Anhieb nicht die entscheidende Fähigkeit einfällt, suchen Sie an dieser Stelle nach einem Vorbild. Denken Sie an jemanden, der mit diesem Problem exzellent umgehen könnte. Stellen Sie sich vor, wie er/sie in dieser Situation erfolgreich handelt. Welche besondere Fähigkeit hat diese Person?

(Beispiele: Gelassenheit, Selbstsicherheit, Souveränität, Authentizität ...)

Ihre Schlüsselressource:

....
....
....
....

SPECIAL FÜR HUNDETRAINER:

Alle diese Schritte und Fragen lassen sich problemlos und locker in ein ganz normales Kundengespräch einbauen. Sie müssen sich dabei nicht an eine bestimmte Reihenfolge der Punkte halten, auch nicht unbedingt alle Punkte in einem einzigen Gespräch „abarbeiten". Als Hundetrainer oder Trainerin sind Sie daran gewöhnt, Dinge nachzufragen, die Ihre Kunden vage beschreiben.

Lösen Sie hypnotische Sprachmuster durch Konkretisieren auf – immer wieder. Achten Sie in Gesprächen darauf, wie weit Ihr Kunde glaubt, das Problem (mit Ihrer Hilfe) lösen zu können, ob es noch ein Stück Selbstwirksamkeit gibt. Fragen Sie nach bisherigen Lösungsansätzen und wie es dem Betreffenden geht, wenn der Hund das unerwünschte Verhalten zeigt. Die Schlüsselfähigkeit zu finden ist der zentrale Punkt des Empowerment-Prozesses. Um nicht in eine Art Therapeutensprache abzugleiten, können Sie den Weg über ein Vorbild wählen, wie oben beschrieben.

Wie aber geht es weiter – in der Arbeit mit Kunden oder im Selbstcoaching? Die Schlüsselressource ist gefunden. Vielleicht sagen Sie/der Kunde jetzt: Alles schön und gut, aber was nützt mir das, wenn ich eben gerade diese Fähigkeit nicht habe?

Christian hatte ja eine komplexe Schlüsselfähigkeit identifiziert, die in all ihren Komponenten erlernbar ist. Er kann sie sich aneignen und sie wird ihm helfen, die Probleme mit seinem Spike zu lösen.

Ganz anders aber verhielt es sich bei Gerda. Sie betreibt eine Hundeschule und hatte ein Problem, das ihr sehr zu schaffen machte: Ihr eigener Hund bellte Leute an, die ihr Büro betraten, also auch Kunden. Als einer professionelle Hundetrainerin war ihr das sehr peinlich. Aber sie fühlte sich an diesem Punkt hilflos. Keine der vielen Trainingstechniken und Methoden, die sie kannte und bereits ausprobiert hatte, hatte bisher bei ihrer Luna funktioniert.

Im Empowerment-Prozess entdeckte Gerda Gelassenheit als ihre Schlüsselressource. Gerda war sich sicher, dass sie das Problem in den Griff bekommen würde, gelänge es ihr nur, ruhig und gelassen zu bleiben. Sie konnte jetzt ihre eigene Aufregung wahrnehmen, die sie jedes Mal sofort erfasste, wenn jemand Anstalten machte, das Büro zu betreten. Es war ihr im Prozess klar geworden, dass ihre Erwartung, Luna würde gleich wieder heftig bellen, sie jedes Mal in einen Stresszustand versetzt hatte. Auf diese Weise hatte sie dem Hund immer wieder etwas wie „Gefahr im Anzug" signalisiert, sobald jemand nur an der Tür war. Es war naheliegend, dass Luna diese Gefahr mit der eintretenden Person verknüpft hatte (und diese folgerichtig verbellte). Gerdas Erwartungshaltung war zwar sicherlich nicht der Ursprung des Problems, aber der Ursprung der Problemspirale, gegen die auch die erfahrene Hundetrainerin nicht mehr angekommen war.

Für das weitere Training mit dem Hund braucht Gerda keine Hilfe, wohl aber dabei, genau in den kritischen Momenten gelassen bleiben zu können.

Wir alle haben innere Ressourcen und Fähigkeiten, über die wir in vielen Situationen verfügen, just in der einen, der speziellen, in der wir sie besonders brauchen würden, nicht.

Hier helfen die sogenannten Anker weiter.

6. Ein Pfiff – ein Click – ein WOW!

Werfen Sie Ihren Anker aus

Nach dem letzten Gassigang am Abend gibt es bei uns für die Hunde ein Stückchen getrocknetes Geflügelfilet als kleines Highlight vor dem Schlafengehen. Pippa und Julchen stürzen jedes Mal gleich zu ihren Körbchen, wenn wir wieder hereinkommen, wo sie darauf warten, den Leckerbissen in Empfang zu nehmen. Sollte ich nicht schnell genug zur entsprechenden Dose greifen, werde ich erinnert. Meist ist es die kleine Jule, die ihren Platz verlässt, mein Bein mit der Nase anstupst und sich wieder in ihr Körbchen setzt. Natürlich bleibt das „Betthupferl" nicht aus. Es ist unser Gute-Nacht-Ritual. Die Hunde haben das letzte Hereinkommen am Abend fest mit dem besonderen Leckerchen verknüpft.

Jeder Hundehalter kennt solche „Immer wenn – dann"-Verknüpfungen. Es sind klassische Konditionierungen, von denen schon im Zusammenhang mit der Traumatisierung die Rede war. Zum Glück ist nicht jedes Ergebnis einer klassischen Konditionierung belastend. Auch gute Gefühle und kraftvolle Zustände können „konditioniert" werden, wie schon der allererste Konditionierungsversuch mit dem Pawlowschen Hund zeigt.

Wenn Sie Ihren Hund mit dem Clicker trainieren oder auch eine Hundepfeife benutzen, sind diese Brückensignale (die konditionierten Reize) klassisch konditioniert. Sie lösen beim Hund gespannte Vorfreude aus, der Belohnungstransmitter Dopamin wird ausgeschüttet. Der Körper bereitet sich auf das Futterstückchen vor, zum Beispiel durch erhöhten Speichelfluss. Wie Pawlow es einst mit seinen Versuchshunden gemacht hat, haben Sie Ihrem Hund mehrmals das Signal gegeben und ihm gleich darauf ein Leckerchen verabreicht. Diesen Vorgang haben Sie etliche Male wiederholt, bis der Click oder der Pfiff zuverlässig das Gefühl der Vorfreude auf das Leckerchen, die biologische Funktion des vermehrten Speichelflusses und insgesamt einen richtig guten Zustand hervorgerufen haben.

Auch bei uns Menschen sind – jenseits von Traumatisierungen – bestimmte Reiz-Reaktionsmuster klassisch konditioniert und sie lösen gute oder schlechte Gefühle aus – je nachdem. Wenn Sie Weihnachten mögen, versetzt Sie vielleicht der Duft von Weihnachtsgebäck oder Tannenreisig in Hochstimmung. Bei Angst vor dem Zahnarzt kann schon der Geruch von Desinfektionsmitteln ein mulmiges Gefühl und das Geräusch des Bohrers Panik auslösen. Ein bestimmtes Lied kann mit Glücksempfinden verbunden sein („Unser Lied!"), Gegenstände, Bilder… Es gibt unzählige Beispiele für die Wirkung konditionierter Reaktionen in unserem Leben.

Im Coaching/Selbstcoaching können wir uns dieses Prinzip zunutze machen, indem wir sogenannte Anker nutzen. Anker sind klassisch konditionierte Brückensignale.

Der Begriff *Anker* stammt aus der Neurolinguistischen Psychologie. Das Konzept des Ankerns ist das einzige, das im NLP aus dem Behaviorismus übernommen wurde. Ein Anker ist nämlich nichts weiter als ein klassisch konditionierter Reiz: Eine Geste, eine Berührung oder eine Bewegung, die davor neutral war, bekommt eine emotionale Bedeutung, indem wir sie mit einem Gefühl koppeln.

Da der Ursprung von Gefühlen wie Angst, Panik oder Hilflosigkeit sehr oft in einer klassischen Konditionierung zu finden ist, ist es der aussichtsreichste Weg, diese auf derselben Ebene zu verändern. Und wieder hilft uns der Körper.

Einen richtig guten Zustand abrufbar machen

Wenn Sie einen Hundespaziergang antreten und richtig gut drauf sind, ist das schon fast die halbe Miete. Sie werden sich stark und sicher fühlen und so allen Herausforderungen ganz anders gewachsen sein, als wenn Sie schon mit einem unguten Gefühl im Bauch losgehen. Einen sogenannten Exzellenz-Anker zu nutzen – vor dem Spaziergang und unterwegs bei Bedarf – ist nicht die einzige Möglichkeit, dies zu erreichen, aber eine der besten.

Ihr persönlicher Exzellenz-Anker – Die Reiseversicherung für den Hundespaziergang

- Erinnern Sie sich an eine Situation, in der Sie Ihre Schlüsselressource aus dem Empowerment-Prozess in hohem Maß zur Verfügung hatten. Oder Sie wählen einfach eine Situation, in der Sie in einer richtig guten Verfassung waren (Erfolg hatten, glücklich waren, sich stark fühlten).

- Notieren Sie die gewählte Situation als Schlagwort auf einem kleinen Zettel. Markieren Sie einen Platz im Raum, indem Sie den Zettel dorthin legen. Schauen Sie diesen Platz an. Tun Sie so, als könnten Sie Ihr früheres Ich in dieser Situation an diesem Platz vor sich sehen. Beschreiben Sie die Situation und was Ihr jüngeres Ich tut von außen.

- Stellen Sie sich nun auf den markierten Platz und gehen Sie gedanklich in die Situation hinein, bis Sie ganz in diesem wunderbaren Moment angekommen sind.

Beschreiben Sie:

- was Sie in dieser Situation sehen,

- was Sie hören (eventuell gibt es auch etwas zu riechen oder zu schmecken)

- und wie es sich anfühlt, die Fähigkeiten und inneren Kraftquellen zur Verfügung zu haben, die zu dieser Erfahrung gehören.

- Wichtig: Achten Sie bitte darauf, das alles in der Gegenwart zu beschreiben, so, als wären Sie jetzt wirklich genau dort.

- Wenn Sie ganz und gar in dem guten Gefühl angekommen sind, legen Sie Ihre Hand an die Stelle Ihres Körpers, wo Sie es am stärksten spüren oder Sie wählen eine Geste, die Ihre Stärke und die jetzt zur Verfügung stehende Ressource symbolisiert (Ein Victory-Zeichen? Ein nach oben gereckter Daumen?). Das nennt man ankern oder einen Anker setzen. Wenn Sie möchten, können Sie zusätzlich auch ein bestimmtes Codewort benutzen („Ja!", „Kraft", „Ruhe" oder was immer). Bitte beachten Sie dabei: Sie sollten Ihren Exzellenz-Anker auch beim Spaziergang einsetzen können. Er sollte also in jedem Fall so beschaffen sein, dass Sie ihn auch unauffällig auslösen können und dass Sie auf jeden Fall eine Hand für die Leine frei haben (beide Hände über den Kopf zu reißen mag ein ausdrucksstarker und wirksamer Anker sein. Es würde allerdings andere Menschen ziemlich irritieren, wenn Sie ihn draußen anwenden – vermutlich auch Ihren Hund).

- Wenn Sie den Anker gesetzt haben, verlassen Sie den Platz, bewegen Sie sich ein wenig, um ganz aus der Situation herauszukommen.

- Testen Sie Ihren Anker, indem Sie die Geste wiederholen. Das gute Gefühl, das mit der hilfreichen Ressource verbunden ist, müsste sich nun wenigstens ansatzweise wieder einstellen.

Die gewählte Geste ist jetzt Ihr „Click", Ihr Brückensignal, Ihr Anker für einen guten Zustand. Denken Sie bitte an die Regeln der klassischen Konditionierung: Wie gut etwas konditioniert/geankert ist, hängt davon ab, wie stark die Emotion war, als Sie Ihren Anker eingeführt haben, und davon, wie oft Sie ihn nutzen.

Anker sollten immer auf dem Höhepunkt des Gefühls gesetzt werden. Für die feste, klassisch konditionierte Verknüpfung zwischen Anker und Gefühl spielt auch die Wiederholung eine große Rolle.

Haben Sie erst einmal eine Ankergeste eingeführt, wiederholen Sie diese, sooft Sie richtig gut drauf, erfolgreich, glücklich, zufrieden oder entspannt sind. Oder Sie denken an solche Situationen zurück und ankern sie in derselben Weise wie beim ersten Mal mit derselben Geste/Berührung. Das nennt man *Anker stapeln*. Die immer gleiche Geste wird so zu einem mächtigen Auslöser guter Gefühle.

Auch im Umgang mit Ankern würde ich Ihnen raten, den Realitätstest nicht zu früh anzusetzen. Festigen Sie Ihren Exzellenz-Anker durch viele Wiederholungen. Danach setzen Sie ihn in Situationen ein, die nur leicht belastend sind. Sie werden feststellen, dass Sie auf einmal ganz anders, kraftvoller und ruhiger mit diesen umgehen können. Ist Ihr Anker erst einmal wirklich gefestigt, verschafft er Ihnen auch in richtig schwierigen Situationen den Zugriff auf hilfreiche Fähigkeiten und Ressourcen.

So überschreiben Sie negative Erfahrungen

Kommen wir kurz auf das Beispiel von Gerda und ihrer Hündin Luna, die im Büro Leute anbellt, zurück. Hundetrainerin Gerda hat Gelassenheit als Schlüsselressource gefunden. Was ein Anker ist, weiß Gerda bereits.

So haben wir nach dem Empowerment-Prozess weitergemacht:

E.B.:   Gerda, ich glaube, dass Du die Ressource Gelassenheit längst hast.

G.:   *(zieht die Stirn in Falten)*

E.B.: Würdest du nicht wissen, wie es ist, wenn du gelassen bist, wärst du erst gar nicht draufgekommen, dass dir genau diese Ressource in dieser bestimmten Situation fehlt. Schließlich verlangt doch auch kein Mensch nach ... sagen wir: einem Stückchen Schokolade, der gar nicht weiß, wie Schokolade schmeckt.

G.: *(lacht)* Stimmt. Ich kann durchaus gelassen reagieren. Auch in Situationen auf dem Hundeplatz, in denen so mancher die Nerven verlieren würde. Aber wenn Luna Leute im Büro anbellt, ist es vorbei mit Souveränität und Gelassenheit. Das ist ja auch peinlich!

E.B.: Gerda, denk doch mal bitte an eine Situation, in der du diese Gelassenheit besonders intensiv gespürt hast. Welche fällt dir ein?

G.: *(denkt kurz nach)* Hm ... Ich muss grade an einen Vortrag denken, den ich vor ein paar Wochen gehalten habe. Das war klasse. Es ist mir so gut gegangen. Dabei war ich vorher total nervös. Ich bin es gar nicht gewöhnt, vor so vielen Leuten zu sprechen.

Ich bitte Gerda, mir die Situation so zu beschreiben, als könne sie sie direkt vor sich sehen. Sie berichtet von einer Gerda, die auf der Bühne steht und locker und lebendig zu den Zuhörern spricht. Den Zuhörern sieht man an, dass Sie den Vortrag interessant und spannend finden, und dass er ihnen gefällt. Gerda hat die Stelle im Raum markiert, an dem die Szene in ihrer Erinnerung gespielt hat. Sie hat ein Zettelchen auf den Boden gelegt, auf dem „Vortrag" steht. Ich bitte sie nun, auf diesen Platz zu gehen, um sich in die Situation zurückzuversetzen.

E.B.: Beschreibe bitte ein bisschen, wie es da ist, wo du jetzt bist.

G.: Ich stehe an einem Pult, meinen Laptop vor mir. Ich spreche über das Nachahmungslernen bei Hunden. Das ist ein Thema, das mich sehr begeistert.

E.B.: Das glaub ich. Mich begeistert das auch. Was kannst du denn gerade sehen. Die Zuhörer?

G.: Ja, ich sehe sie. Es ist ein bisschen dunkler im Zuschauerraum als auf der Bühne. Aber ich sehe ihre Gesichter. Sie sind aufmerksam und schauen interessiert aus. Einige lächeln. Wenn ich was Lustiges sage, lachen sie.

E.B.: Und du hörst ...

G.: Ich höre meine eigene Stimme. Ich merke, dass sie entspannt klingt, anders, als wenn ich genervt bin. Ich war so aufgeregt vorher, aber wirklich – die Nervosität ist vollkommen weg! Ich höre auch, wie sie lachen, wenn ich etwas Lustiges sage. Und am Ende applaudieren sie.

E.B.: Wie fühlt sich das an?

G.: Der Applaus?

E.B.: Der auch. Aber geh bitte nochmal ein kleines Stück zurück, dahin, wo du noch sprichst.

G.: *(nickt)* Es ist so ... so irgendwie selbstverständlich. Ich brauche gar nicht nachzudenken, die Worte kommen einfach aus mir raus – und sie passen. Irgendwie *(wie erstaunt schüttelt sie leicht den Kopf und lächelt)*.

E.B.: Ein gutes Gefühl also?

G. *(lächelt noch mehr)* Sehr!

E.B.: Du bist gelassen?

G.: Oh ja! Und ich bin irgendwie ... Ich bin ganz bei mir. Und ganz bei den Leuten. Ich bin sicher. Ich habe Vertrauen zu mir und zu den Zuhörern. Ich spüre, was ich kann und weiß.

Gerda strahlt. Sie ist jetzt ganz in dem guten Gefühl angekommen, das noch so viel mehr umfasst als einfach nur Gelassenheit.
(Ich glaube, ich strahle jetzt auch.)

E.B.: Wo im Körper spürst du dieses gute Gefühl am stärksten?
(Ich spreche hier bewusst das Gefühl an, nicht die Ressourcen, denn das Gefühl ist das, was sie im Körper spüren kann.)

G.: *(berührt den Solarplexus)* Hier.

E.B.: Wenn du eine Geste finden solltest, die das alles symbolisiert, welche wäre das?

Gerda legt die flache Hand auf die Stelle, die sie gerade gezeigt hat und atmet dabei einmal tief ein und aus.
Ich bitte sie, sich noch einmal ganz tief in die Vortragssituation hineinzuversetzen und auf dem Höhepunkt des Gefühls ihre Hand an die entspre-

chende Körperstelle zu legen und dabei tief ein- und auszuatmen. Sie ankert damit das positive Gefühl und das ganze Paket von Ressourcen. Ich helfe ihr, indem ich „Jetzt" sage, sobald ich sehe, dass sie ganz im Gefühl angekommen ist.

Nachdem Gerda ihren Anker gesetzt hat, bitte ich sie, ihren „Vortragsplatz" zu verlassen und zu mir zu kommen. Ich erzähle ihr einen Witz, um sie in die Gegenwart zurückzuholen.

Dann bitte ich sie, einen weiteren Platz im Raum für die Situation mit Luna im Büro zu wählen.

Auf diesem Platz beschreibt Gerda, wie sie gerade in ihrem Büro sitzt. Jemand kommt zur Tür herein, Luna legt mit ihrem Gebell los. In dem Moment bitte ich sie, die Hand auf den Solarplexus zu legen und einmal tief ein- und auszuatmen. Ich sehe ihr bereits an, dass für sie nun alles deutlich entspannter ist.

E.B.: Komm doch bitte zu mir. Erzähl mir, wie sich mit der Geste die Situation verändert hat.

G.: Sie war nicht mehr so schlimm. Luna bellt. Na und? Sie ist ein Hund. Ich denke, ich werde in aller Ruhe und schrittweise mit Luna üben. Dafür brauche ich Helfer, die beim Training die Besucher spielen. Verrückt – ich habe schon darüber nachgedacht, habe mich aber nicht getraut, jemanden zu bitten. Es war mir peinlich. So ein Quatsch! Ich bin schließlich eine gute Hundetrainerin, auch wenn mein Hund nicht funktioniert wie ein Roboter. Kein Hund ist perfekt. Wir kriegen das hin.

Gerda hat gleich nach unserem Termin begonnen, mit Luna zu arbeiten. Sie hat mir später erzählt, dass das Problem gelöst sei. Zu 95 %. Das sei in Ordnung. Wie gesagt – niemand ist perfekt, aber ein kleiner Ausrutscher hier und da sei ja schließlich kein Beinbruch. Die neue Gelassenheit in den früher kritischen Situationen sei übrigens wirklich der springende Punkt gewesen, berichtete sie.

Körperliche Anker, wie wir sie in diesem Prozess genutzt haben, ermöglichen uns, problematische Erfahrungen gewissermaßen zu überschreiben.

So können Sie den Prozess im Selbstcoaching durchführen:

Überschreiben einer negativen Erfahrung

- Erinnern Sie sich an eine belastende Situation mit dem Hund. Suchen Sie sich einen bestimmten Platz im Raum, auf dem Sie sich noch einmal in diese hineinversetzen, indem Sie beschreiben, was Sie sehen, hören und körperlich empfinden. WICHTIG: Es ist notwendig, die belastende Situation wirklich fühlbar abzurufen, aber es ist auf keinen Fall nötig, dort lange zu verharren.

- Verlassen Sie den Platz, bewegen Sie sich ein wenig. Wenn nötig, lösen Sie eine Rechenaufgabe oder singen Sie ein Lied, sodass Sie ganz aus der schlechten Erfahrung herauskommen.

- Kennzeichnen Sie einen weiteren Platz, Ihren Ressource-Platz von vorhin. Gehen Sie noch einmal zurück zu der Erinnerung an die glückliche Situation, die Sie geankert haben (wenn Sie bereits einige der sogenannten Ressourcesituationen übereinander geankert haben, wählen Sie die Erfahrung, die die beste war). Versetzen Sie sich wieder mit Hilfe Ihrer Sinne ganz hinein. Was sehen Sie? Was hören Sie? Spüren Sie noch einmal intensiv hinein: Wie fühlt es sich an, wenn Sie so ganz bei sich sind, wenn Sie Zugriff auf wichtige unterstützende Fähigkeiten haben, Ihre Schlüsselressource nutzen können und es Ihnen rundum gut geht? Aktivieren Sie jetzt Ihren Exzellenz-Anker aus der Übung davor.

- Verlassen Sie den Ressource-Platz (Sie wissen ja: Wenn es am schönsten ist ...). Atmen Sie tief durch.

- Gehen Sie zurück zum Problemplatz. Wenn Sie in der Problemsituation angekommen sind, lösen Sie Ihren Exzellenz-Anker aus. Nehmen Sie wahr, wie sich die schlechte Erfahrung verändert.

SPECIAL FÜR HUNDETRAINER:

Selbstverständlich können Sie als Hundeprofi mit Ihren Kunden ebenfalls das Ankern nutzen. Es ist möglich, auch von außen zu ankern, indem man zum Beispiel im richtigen Moment die Schulter des anderen berührt. So ein Moment wäre zum Beispiel, wenn ein Kunde begeistert von einem Erfolg erzählt oder sich gerade sehr über eine gelungene Übung freut. Durch eine andere Person von außen gesetzte Anker sind sogar besonders wirksam. Ich lehne es allerdings ab, bei jemand anderem Anker zu setzen, ohne dass der Betreffende darüber informiert ist. Sprechen Sie mit Ihren Kunden ruhig darüber! Schließlich lernen diese bei Ihnen eine Menge über die unterschiedlichen Formen der Konditionierung, also auch über die klassische Konditionierung. Dabei können Sie auch den „Click für Menschen" problemlos einführen. Ihr Kunde kann auch lernen, sich selbst zu ankern. Er kann dazu eine Geste oder ein Wort aussuchen, mit dem besonders gelungene, unaufgeregt und konzentriert durchgeführte Übungen und Erfolgserlebnisse innerhalb des Hundetrainings geankert werden.

Zusammenfassung

Ankern

- Anker sind externe Auslöser, die eine innere Wirkung hervorrufen.

- Das Konzept des Ankerns entspricht der klassischen Reiz-Reaktions-Konditionierung (Bildung eines bedingten Reflexes).

- Natürliche Anker beim Menschen sind beispielweise Farben, die bestimmte Stimmungen hervorrufen, Klänge, Bilder und Gerüche, die mit einem bestimmten Ereignis verbunden sind.

- Bewusst gesetzte Anker können Berührungen sein, Gesten oder auch Wörter. Sie sollten immer am Höhepunkt des Erlebens gesetzt werden.

- Anker schaffen den Zugang zu persönlichen Ressourcen.

- Um einen erwünschten inneren Zustand mit Hilfe eines Ankers sicher abrufen zu können, ist es sinnvoll, viele positive Erfahrungen übereinander zu ankern.

- Ein starker Ressource-Anker/Exzellenz-Anker kann negative Erinnerungen abschwächen oder sogar entmachten.

„Ja, ich will!" – Kleiner Exkurs zur Ökologie der Veränderung

Britta lernte ich auf einem Seminar kennen. Sie litt darunter, dass ihr Westie Willi kein bisschen alleine bleiben konnte. Britta hatte das Glück, den größten Teil ihres Jobs von zu Hause aus erledigen zu können. Ihr Freund Sven, erfuhr ich, war Musiker und konnte sich seine Zeit ebenfalls recht flexibel einteilen, sodass fast immer einer der beiden im Haus war. Wenn dieser „Wechseldienst" allerdings nicht klappte und Willi dann doch mal für zwei, drei Stunden allein bleiben musste, bellte und jaulte er die ganze Nachbarschaft zusammen. Gut ging es dabei weder den Menschen noch dem kleinen Hund.

Britta meinte, es wäre schon schön, wenn sie mal ohne schlechtes Gewissen und Sorge wegen der Nachbarn zum Supermarkt gehen könne – auch wenn Sven nicht zu Hause wäre. Sie wünschte sich, dass sie gelegentliche Termine einfach wahrnehmen könnte, statt krampfhaft nach Lösungen suchen zu müssen.

Ich fragte Britta, ob sie es schon mit Training versucht hatte, und als sie verneinte, erklärte ich ihr die ersten Schritte eines ganz sanften, aber effektiven Alleinbleibetrainings. Da sie in einer anderen Stadt lebte, bat ich sie, zwischendurch mal zu berichten, wie es ihr und Willi denn damit ginge. Sie war dankbar für den Vorschlag, mit allem einverstanden und recht erleichtert. Ja, sie habe die Schritte genau verstanden, meinte sie. Und sie werde gleich nach dem Seminar mit dem Training beginnen.

Nach etwa zehn Tagen schickte sie per Mail einen eher katastrophalen Bericht. Alles sei noch schlimmer geworden. Sie käme überhaupt nicht zurecht und fragte, ob ich zu ihr kommen könnte. Also machte ich mich auf den Weg.

Obwohl Britta eine blitzgescheite und auch schon ein wenig hundeerfahrene Frau war, war das Training mehr als chaotisch verlaufen. Sie hatte gewissermaßen Schritt fünf vor Schritt zwei gemacht und Willi auf diese Weise maßlos überfordert. Dann wieder war das Training wegen Zeitmangel überhaupt ausgefallen...

Sehr oft, wenn ein Ziel nicht erreicht wird, wenn eine Veränderung misslingt – oder vielleicht sogar gelingt, der Erfolg sich aber gleich wieder in

Luft auflöst – steht ein Problem mit der *Psychoökologie* dahinter. Ökologie ist die Wissenschaft von den Wechselbeziehungen zwischen den Lebewesen und ihrer Umwelt. Das gilt nicht nur für die äußere Welt, sondern auch für die Welt der Psyche. Wenn wir die Ökologie eines Ziels/einer Veränderung überprüfen, hinterfragen wir, ob die Veränderung, die wir anstreben, in einem anderen Bereich Probleme hervorrufen oder unerwünschte Nachteile mit sich bringen könnte.

In der Psychologie kennt man den Begriff *Problemgewinn*. Manchmal übersehen wir, dass auch Probleme unbemerkte Vorteile mit sich bringen können. Ich denke da gerade an eine Klientin, deren Flugangst nach ein paar Therapiestunden besiegt schien. Aber wie ein Bumerang kam die Panik vor dem Fliegen immer wieder zurück. Es stellte sich heraus, dass sie viel geschäftlich fliegen musste und ihr Mann sie wegen ihrer Flugangst so oft wie nur irgend möglich begleitete. Ihr Unbewusstes hatte sich dagegen gewehrt, dass sie womöglich auf seine Begleitung verzichten müsste, wenn die Angst nicht mehr da wäre.

Auch die Schauspielerin fällt mir ein, die sich bezüglich ihrer Karriere immer selbst im Weg stand. Tief drin in ihrem Innersten wusste sie, dass ihr Freund eifersüchtig auf ihren künstlerischen Beruf war, auch wenn sie das nicht wahrhaben wollte. Größerer beruflicher Erfolg wäre vielleicht eine Bedrohung für die Beziehung gewesen.

Selbstverständlich gibt es auch bei Hundeproblemen ökologische Stolpersteine. Den heftigsten Fall kenne ich nicht aus meiner Praxis, sondern aus einer Fernsehsendung. Ein Ehepaar hatte eine Hundetrainerin zugezogen, weil ihr kleiner Terrier nach dem Mann schnappte, sobald dieser sich seiner Frau näherte – immer und überall. Nicht einmal den Arm durfte er ihr um die Schulter legen, ohne die Terrierzähne zu spüren zu bekommen. Im Zuge der Übungen, die die Trainerin mit dem unglücklichen Trio durchführte, konnte man deutlich sehen, dass die Frau den Berührungen ihres Mannes auswich. Die ganze Sache wirkte auf mich mehr als Fall für einen Paartherapeuten als einer für eine Hundetrainerin.

Was können wir tun, um nicht in die Ökologiefalle zu tappen? Zunächst gilt es, einen möglichen Problemgewinn beziehungsweise die Ökologie des Ziels zu hinterfragen. Sobald wir herausgefunden haben, welche Nachteile die Veränderung möglicherweise nach sich zieht, können wir eine klare Entscheidung für oder gegen das Ziel treffen.

Im Fall der Frau mit der Flugangst war das die Entscheidung, mit ihrem Mann zu sprechen. Es ging darum, ihm zu sagen, wie viel ihr seine Begleitung bedeutete, und ihn zu fragen, ob er sie weiterhin, wenn es ihm möglich war, begleiten wollte – einfach so, weil sie es liebte, ihn dabei zu haben. Er wollte. Und nun blieb auch die Veränderung stabil. Die Schauspielerin hat zwar nicht die ganz große Karriere gemacht, aber sie ist beruflich gut weitergekommen. Von ihrem Freund ist sie inzwischen getrennt.

Und das Ehepaar mit dem Terrier? Nun, die Hundetrainerin hat gute Arbeit gemacht. Der Terrier hat (zunächst?) das Schnappen eingestellt. Aber wie es wohl mit dem Ehepaar weitergegangen ist? Ich weiß es nicht. Es war schließlich nur eine Sendung. Meine Prognose jedenfalls war damals nicht sehr gut.

So ging Brittas Geschichte weiter: Dass wir es mit einem mächtigen ökologischen Hindernis zu tun haben würden, hatte ich schon geahnt. Ich kannte Britta ja bereits ein bisschen. Sie war eine tatkräftige und kluge Frau, weder chaotisch noch ungeschickt im Training mit ihrem Hund. Es gab also keine andere Erklärung dafür, dass das Training so schlecht lief, als dass sie unbewusst den Erfolg blockierte.

Als ich sie bat, sich einmal vorzustellen, wie es wäre, wenn sie das Ziel bereits erreicht hätte und Willi wie gewünscht ohne Probleme zu haben und ohne Probleme zu machen auch mal für zwei bis drei Stunden allein bleiben könnte, antwortete sie spontan: „Traumhaft!" Und dann fanden wir sie doch, die ganz tief verborgene Ökologie-Falle.

„Sven müsste dann nicht mehr so viel Rücksicht auf uns nehmen", sagte Britta nach einer Denkpause. Schließlich fand sie heraus, dass sie große Angst hatte, ihrem Freund könnte die Musik wichtiger werden als die Beziehung zu ihr. Diese Angst hatte sie sich aber nie eingestanden. Auch hier half ein offenes Gespräch zwischen Britta und ihrem Freund. Und nun klappte es auch mit dem Training.

Der Ökologie-Check

- Denken Sie an Ihr Ziel. Fragen Sie sich: Gibt es irgendetwas, das ich verlieren würde? Gibt es etwas, worauf ich verzichten, das ich aufgeben muss, wenn ich mein Ziel erreiche?

- Und: Welche Auswirkungen hat es auf meine Beziehungen zu anderen, wenn ich das Ziel erreiche?

- Wenn Sie ein ökologisches Hindernis gefunden haben, fragen Sie sich: Ist es mir mein Ziel wert, diesen Nachteil in Kauf zu nehmen? Oder: Was kann ich tun, dass der Nachteil nicht eintritt?

- Oder aber: Wie kann ich mein Ziel so umformulieren, dass der Nachteil keine (große) Rolle mehr spielt?

- Sobald Sie die Ökologie Ihres Ziels kennen, können Sie entweder das Ziel verändern und an die ökologischen Gegebenheiten anpassen – oder aus ganzem Herzen sagen: Ich kenne die Nachteile meines Ziels, aber ich nehme sie gerne in Kauf – ja, ich will!

7. Wenn alles nicht hilft

EMDR, eine therapeutische Intervention

Manche Erlebnisse sind sehr heftig und haben heftige belastende Folgen. Dann hilft mentales Training allein nicht weiter – zumindest nicht, solange das Problem nicht therapeutisch bearbeitet wurde. Gerade bei Problemen, die auf schlimme oder gar traumatisierende Erfahrung zurückgehen, ist EMDR eine gute Möglichkeit, die Dauerbelastungen aus der Welt zu schaffen. Ich möchte Sie zunächst mit der Methode bekannt machen. Danach stelle ich Ihnen jene Elemente des EMDR vor, die sich auch für das Selbstcoaching eignen sowie eine stark vereinfachte Form des EMDR, die Sie mit einem Partner oder einer Partnerin ausprobieren können.

Was ist EMDR?

Als ich Ulli und ihren Schäferhundmischling Bobo kennenlernte, ging es beiden sehr schlecht. Ulli hatte seit vier Jahren nebenberuflich als hochengagierte Hundetrainerin gearbeitet. Über Bobo erzählte sie, dass er früher ein ruhiger und recht verträglicher Hund gewesen sei, jetzt aber bei Hundebegegnungen schier ausraste und auch auf fremde Menschen oft mit Abwehrgebell reagiere, und dass er auf Spaziergängen ununterbrochen „unter Strom stehe" – genau wie sie selber. Sie berichtete von einem schrecklichen Erlebnis auf dem Hundeplatz während eines von ihr geleiteten Gruppentrainings.

Wie immer hatte Bobo auch an diesem Tag Ulli zur Hundestunde begleitet. Er lag gerade neben ihr, als sich – schneller als sie oder irgendjemand reagieren konnte – ein Kundenhund aus seinem Geschirr befreite und auf Bobo losging. Bobo erlitt so schwere Bissverletzungen, dass die Tierärzte in der Klinik um sein Leben kämpfen mussten. Er hat überlebt. Körperlich hatte er sich erholt. Aber er war seither nicht mehr derselbe.

Auch Ulli war nicht mehr dieselbe. Sie litt seit dem Vorfall unter Ängsten und entsetzlichen Schuldgefühlen. „Ich bin eine miserable Hundetrainerin", sagte sie. „Ich kann diesen Job nicht mehr machen." Sie berichtete von qualvollen Träumen, und dass ihr das schlimme Ereignis auch tagsüber immer wieder „vor Augen stehe". Als Trainerin zu arbeiten sei für sie seither vollkommen undenkbar, schon in der Nähe des Hundeplatzes empfinde sie starke Beklemmungen und mache daher einen großen Bogen um diesen. Sie schlafe schlecht, habe an nichts mehr Freude und leide an

Konzentrationsschwierigkeiten. Vor jedem Gassigang mit Bobo habe sie panische Angst.

All das sind typische Symptome einer Posttraumatischen Belastungsstörung. Ich schlug Ulli eine EMDR-Therapie vor.

EMDR (Eye Movement Desensitization and Reprocessing) ist eine anerkannte *Therapieform*. Die Wirksamkeit von EMDR, vor allem in der *Traumatherapie*, ist in zahlreichen Studien nachgewiesen. Darüber, wie diese zustande kommen, wurde aber immer wieder diskutiert, gestritten, auch spekuliert. Inzwischen gibt es aber gesicherte Erkenntnisse (aus dem Jahr 2019 – brandneu also!), auf die ich gleich zurückkomme.

EMDR hilft, wenn die natürlichen Bewältigungsmechanismen unseres Gehirns versagen, weil ein belastendes Ereignis sehr massiv war. Wenn die Auslöser in der Kindheit liegen, können die Folgen besonders nachhaltig sein. Im jungen Alter können die verarbeitenden Netzwerke des Gehirns die Integrationsarbeit noch nicht so gut leisten wie mit zunehmender Erfahrung.

Grundsätzlich hat das menschliche Gehirn die Fähigkeit, schwierige und unangenehme Erlebnisse durch die normale Informationsverarbeitung zu integrieren. Der *Hippocampus*, (unter anderem zuständig für die Koordinierung von Gedächtnisinhalten und Verarbeitung von Emotionen) erfüllt dabei die Rolle eines Zwischenspeichers. Dort werden neue Informationen und Erfahrungen erst einmal abgelegt. Im Anschluss werden sie an das Großhirn weitergegeben und nach einem neurobiologisch sinnvollen System eingeordnet. Sie können sich das in etwa so vorstellen wie Posteingang und diverse Ordner in Ihrem E-Mail-Programm. Im Eingangs-Postfach treffen die neuen Mails ein. Sie werden sie aber nicht alle dort lassen, sondern auswählen, welche Nachricht in welchen Ordner oder auch in den Papierkorb gehört. Ähnliches passiert mit den neuen Informationen in unserem Gehirn. Sobald das Neue im Großhirn „aufgeräumt" wird, kann es in die bisherige Erlebniswelt integriert und ohne schmerzliche Restempfindungen gespeichert werden. Auf diese Weise können wir Erlebnisse, die zunächst schmerzhaft und aufwühlend waren, später sogar als wertvolle Erfahrungen empfinden.

Stellen Sie sich bitte einmal folgende Situation vor. Ein junger Mann, nennen wir ihn Max, geht mit seinem Hund Mikey in einer ihm unbekannten Gegend spazieren. Sie kommen an einen Fluss. Max wirft ein Spielzeug ins Wasser und Mikey, ein großer Wasserfan, springt hinterher. Unerwarteterweise ist die Strömung so stark, dass es dem Hund nicht gelingt, mit dem Apportel zurück ans Ufer zu gelangen. Der Fluss reißt ihn mit. Max ist in höchster Panik. Er rennt los. Der Hund treibt enorm schnell davon. Das Ufer ist fast überall stark bewachsen, es dauert, bis der junge Mann überhaupt eine Stelle findet, an der er ins Wasser springen könnte. Aber auch das scheint keinen Sinn zu haben. Er hat keine Chance, Mikey noch irgendwie einzuholen …

Das stark bewachsene Ufer ist Mikeys Rettung. Ein Stück weiter flussabwärts verfängt er sich im Geäst einer ins Wasser ragenden Weide und Max bekommt ihn zu fassen. Alles ist gut, aber das Mikey-Herrchen ist fix und fertig. Sein Herz rast und er quält sich mit heftigen Vorwürfen.

Dann aber vergeht etwas Zeit. Die beiden sind wieder zu Hause. Mikey hat das Erlebnis längst abgehakt und auch Max beruhigt sich langsam. Den Rest erledigt das Gehirn dann nachts im Schlaf. Am nächsten Morgen, nachdem Max „drüber geschlafen" hat, ist der Schrecken verarbeitet. Er kann jetzt über das Erlebte nachdenken. Im Schlaf hat das Gehirn auf viele nützliche Informationen zurückgegriffen, die dort bereits abgespeichert sind. Er weiß, dass und wie er in Zukunft solche Situationen verhindern kann. Und das Gute am Schlechten ist in den Vordergrund gerückt: Es ist glimpflich abgelaufen, der Hund ist gerettet. Der Schreck ist verdaut und Max hat aus dieser Erfahrung gelernt. Er wird seinen Hund nie wieder in einen Fluss springen lassen, dessen Strömung er nicht einschätzen kann.

Eine belastende Erfahrung, die nicht in der geschilderten Art und Weise verarbeitet werden kann, bleibt gewissermaßen im Zwischenlager, im Hippocampus also, hängen. Damit kann sie nicht an die kognitiven Hirnteile angebunden werden. Sie bleibt emotionsbesetzt und wir können aus einer solchen unverarbeiteten Erfahrung nicht lernen. Wir erleben die Situation immer wieder so, als würde sie grade stattfinden und die damit verbundene Belastung nimmt nicht ab. EMDR ermöglicht eine nachträgliche Integration unverarbeiteter Erlebnisse.

Die Methode wurde von Francine Shapiro entwickelt. Dr. Shapiro stellte fest, dass schnelle Augenbewegungen belastende Gefühle deutlich zum Positiven verändern können. Eine wichtige – selten erwähnte – Grundlage dieser hocheffektiven Therapieform ist letztlich wieder das NLP, worin Francine Shapiro ausgebildet war. Im NLP hatte man schon längere Zeit davor mit Augenbewegungen und weiteren Elementen, die sich später im EMDR wiederfanden, gearbeitet. Dazu gehört die Arbeit mit inneren Bildern, mit Ankern und mit Glaubenssätzen. Was damals über die Augenbewegungen im NLP angenommen wurde, hat allerdings späteren experimentellen Überprüfungen nicht zu hundert Prozent standgehalten.

Das zentrale Element von EMDR ist die *bilaterale Gehirnstimulation*. Das bedeutet, dass durch schnelle Bewegungen der Augen die beiden Gehirnhälften abwechselnd stimuliert werden. Dabei wird der Klient gebeten, sich das belastende Ereignis noch einmal vorzustellen, während er mit den Augen den Fingern des Therapeuten folgt, die dieser hin- und herbewegt.

Mit Hilfe der Augenbewegungen werden beide Hirnhälften in Bezug auf ein traumatisches Ereignis aktiviert und synchronisiert. Die entlastende und harmonisierende Wirkung tritt ein. Francine Shapiro berichtet, dass sie diese Wirkung zum ersten Mal auf einem Spaziergang beobachtet hat. Ihre Gedanken waren damals ständig um eine schlimme Diagnose gekreist, die sie bekommen hatte. Nach dem Spaziergang ging es ihr unvergleichlich besser. Sie ging diesem Phänomen nach und fand heraus, dass es damit zu tun hatte, dass sich ihre Augen ständig hin- und herbewegt hatten. Ihr Blick war dem Wechselspiel von Licht und Schatten der Sonnenstrahlen in den Bäumen gefolgt.

Übriges ist die Wirkung der Augenbewegungen auch mir selber schon vor vielen Jahren aufgefallen. Damals wusste ich noch nichts von EMDR, aber als begeisterte Jongleurin bemerkte ich, wie entspannt, sorgenfrei und rundum wohl ich mich nach dem Jongliertraining fühlte. Das war auch dann der Fall, wenn mich unmittelbar davor Sorgen geplagt hatten oder ich aus einem anderen Grund gestresst war. Das Prinzip ist dasselbe: Beim Jonglieren von überkreuz geworfenen Mustern bewegen sich die Augen schnell hin und her (Beck, 2002. S. 14).

Über die gehirnaktivierende und synchronisierende Wirkung der Augenbewegungen hinaus, ließen sich die erstaunlichen Erebnisse von EMDR auch dadurch erklären, dass die geführten Augenbewegungen in etwa den *REM-Phasen* im Schlaf entsprechen. Das sind jene Schlafphasen, in denen wir lebhaft träumen und die mit schnellen Augenbewegungen einhergehen. Der REM-Schlaf spielt eine wichtige Rolle bei der Verarbeitung belastender Erinnerungen.

Allerdings stellte sich heraus, dass die abwechselnde Stimulation nicht nur über die Augen, sondern auch akustisch über Kopfhörer, oder auch taktil über abwechselnde Berührungen („Taps") an der linken und rechten Körperseite erfolgen kann. Das spricht zwar nicht gegen die REM-Schlaf-Erklärung, aber doch dagegen, dass dies der einzige Wirkfaktor sein sollte.

Als ein wesentlicher Wirkmechanismus der EMDR-Therapie wird oft auch die geteilte Aufmerksamkeit angeführt. Während der Klient sich innerlich auf die belastende Erinnerung konzentriert, folgt er zugleich mit einem Teil seiner Aufmerksamkeit dem äußeren Wahrnehmungsreiz, nämlich den sich bewegenden Fingern des Therapeuten. Diese ungewöhnliche Art, etwas wahrzunehmen, gewissermaßen gleichzeitig in der inneren und der äußeren Welt zu sein, schwächt die belastende Lebhaftigkeit der Erinnerung. Auch das ist eine gute Erklärung, aber nicht die einzige.

Vor einiger Zeit wurde in der Fachwelt diskutiert, ob es nicht genügt, die äußere Aufmerksamkeit des Klienten auf einen unbeweglichen Reiz zu lenken. Einige Studien schienen dies zu bestätigen. Die Annahme hat aber einer genaueren Überprüfung nicht standgehalten.

Brandneue Studien von Hirnforschern zur visuellen Stimulation beim „Löschen" traumatischer Erfahrungen weisen nicht nur die Wirksamkeit von EMDR einmal mehr eindeutig nach, sie erklären auch, was dabei im Gehirn abläuft. Die Grundlage lieferte eine Studie aus Südkorea. Beschrieben wurde sie von dem Hirnforscher *Manfred Spitzer*, der mit seinem Team auch an dem Thema weiterarbeitet (Spitzer, 2019). Durchgeführt wurde die Studie – man staune – an Mäusen!

Zunächst wurde jede einzelne Maus, die sich jeweils in einem runden Behälter aus Acrylglas befand, klassisch auf einen Ton konditioniert. Über den Boden erhielt das Tier einen schmerzhaften elektrischen Stromstoß (ja ... mir gefällt das auch nicht!). Dieser „unkonditionierte Reiz" wurde dann mit einem Ton (= konditionierter Reiz) gekoppelt, sodass dieser nach einigen Wiederholungen dieselbe Reaktion auslöste, wie der Stromstoß: Schockstarre (= konditionierte Reaktion).

Man verglich nun, wie die Extinktion, also die „Löschung" dieser Konditionierung bei den Versuchstieren verlief, wenn man im Vergleich zu den üblichen Methoden des Extinktionslernens (Gegenkonditionierung, Desensibilisierung) EMDR anwandte.

EMDR bei Mäusen funktioniert über Lichtreize. Die Augenbewegungen bei den Versuchstieren erreichte man durch LEDs, die in den Glaszylindern angebracht waren. Während nun der Ton eingespielt wurde, der die Schockstarre auslöste, blinkten die LEDs nacheinander von links nach rechts – und wieder zurück – immer wieder auf.

Das Ergebnis war beeindruckend: Im Vergleich zu anderen Methoden nahm die Angstreaktion (Schockstarre) der Mäuse sehr viel rascher ab und erreichte ein deutlich geringeres Niveau, wenn EMDR angewandt wurde. Der konditionierte Reiz hatte bald seinen Schrecken verloren. Die Mäuse waren nach der „EMDR-Therapie" sehr viel schneller und tiefer entspannt als die Kontrollgruppen.

Im Anschluss an dieses ungewöhnliche Experiment haben die Wissenschaftler auch herausgefunden, was bei der Anwendung von EMDR nun wirklich im Gehirn passiert. Der Teil des Gehirns, auf den es ankommt, befindet sich im Mittelhirn, einer tieferen Hirnregion. Es ist der paarig angelegte *Colliculus superior*.

Dieser koordiniert einerseits die Motorik der Augen, andererseits spielt er eine wichtige Rolle für unser Gefühlszentrum, nämlich bei der Beeinflussung der Mandelkerne (Amygdala). Der Colliculus superior wird durch die Augenbewegungen aktiviert und sorgt über die Rückwirkung auf das Gefühlzentrum für die stressreduzierende Wirkung.

In dem oben erwähnten Artikel berichtet Manfred Spitzer, dass der Colliculus superior von den Hirnforschern bereits seit den 1970er-Jahren mit Augenbewegungen in Verbindung gebracht wurde, seit den 90er Jahren zusätzlich aber auch mit Aufmerksamkeitsprozessen – mit oder ohne begleitende motorische Aktivität. Er enthält die sogenannte Vierhügelplatte, wobei die beiden oberen Hügelchen zum Sehsystem gehören, die unteren aber Teil der Hörbahn sind. Das könnte erklären, warum die bilaterale Stimulierung auch akustisch erfolgen kann (die Wirkung taktiler Stimulation lässt sich mit Hilfe des Colliculus superior allerdings bisher nicht erklären). Nach meiner Erfahrung sind die schnellen Augenbewegungen in jedem Fall immer noch die wirkungsvollste Form der Stimulation.

Vielleicht fragt sich jetzt der eine oder andere von Ihnen, ob man EMDR nicht auch bei Hunden anwenden könnte, wenn es doch bei Mäusen funktioniert.

Grundsätzlich müsste das möglich sein. In der Praxis ist es wahrscheinlich nicht so leicht umsetzbar. Wir wollen unsere Hunde schließlich nicht in Glaskäfige setzen und erst mal gezielt traumatisieren. Vielmehr haben wir es mit spontanen Begegnungen mit Auslösereizen in unterschiedlichen Umgebungen zu tun. Das ist etwas völlig anderes. Es gibt zwar in der heutigen Hundewelt fast nichts, was es nicht

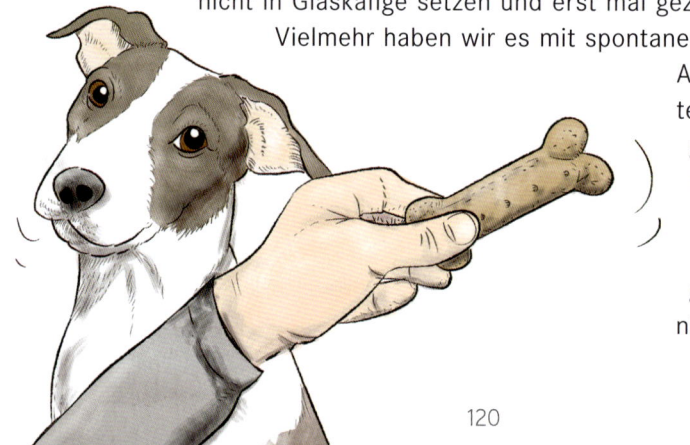

gibt, und so halte ich es durchaus für möglich, dass irgendwann „EMDR-Brillen" oder „EMDR-Kopfhörer" für Hunde entwickelt werden. Die wären dann vielleicht per Fernbedienung aktivierbar, sobald der Hund mit dem Auslösereiz konfrontiert wird. Klappen könnte es. Ob ich es auch gut fände, steht auf einem anderen Blatt. Ich werde Ihnen daher – bei aller Begeisterung für die wunderbare Methode EMDR – ein Modell für die Arbeit mit Ihrem Hund vorstellen, das ohne Technik auskommt. Fürs erste …

EMDR ist ein umfangreiches psychotherapeutisches Verfahren. Nach einer sehr gründlichen Anamnese und einer Vorbereitungs- und Stabilisierungsphase folgt die Bewertung des Stressors. Wie groß ist die Belastung auf einer Skala von eins bis zehn? Welche inneren Bilder hat der Klient im Hinblick auf das belastende Ereignis? Wie fühlt es sich im Körper an, an das belastende Ereignis zu denken – und was denkt jemand in diesem Zusammenhang über sich? An dieser Stelle wird oftmals eine negative Überzeugung zum Vorschein kommen, die sogenannte NK (negative Kognition). Eine neue, eine hilfreichere Kognition (positive Kognition = PK) soll gefunden werden. Erst nachdem all diese Schritte getan sind, beginnen wir mit dem „Winken". Diese Hauptphase des Therapieprozesses wird auch *Exposition* genannt, weil der Klient sich an diesem Punkt dem belastenden Erlebnis stellt.

In der Exposition denkt der Klient an den schlimmsten Moment des belastenden Ereignisses, während er mit den Augen den Winkbewegungen des Therapeuten folgt. Ich mache dabei nach jeweils zwanzig Hin- und Herbewegungen eine Pause, um die Veränderungen in allen Bereichen (Körpergefühl, bildliche Vorstellungen, Kognitionen, Bewertung des Stressors) zu überprüfen. Von Durchgang zu Durchgang sollte die Belastung weniger werden. Die Eigenschaften des inneren Bildes, das mit dem Ereignis verbunden ist, sollten sich verändern. Die Glaubwürdigkeit der NK sollte abnehmen und die Glaubwürdigkeit der PK sollte zunehmen.

Wie viele Sitzungen und wie viele Wink-Durchgänge innerhalb der Sitzungen jemand braucht, bis die Belastung aufgelöst und der positive Glaubenssatz angenommen ist, ist von Mensch zu Mensch, von Fall zu Fall verschieden. Am Ende folgen noch gründliche Festigungs-, Überprüfungs- und Abschlussphasen mit „Bodyscan" (ist irgendwo im Körper noch ein Rest der Belastung zu spüren?) und Verankerung der Ergebnisse.

Ullis Bild war anfangs riesig, farbig aber verschwommen, nicht richtig fassbar. Sie sah Blut … Zähne …, war mittendrin. Nichts war klar zu erkennen, aber das Bild erschlug sie fast, wie sie sagte. Dazu gehörten Kampfgeräusche, Schreie … Im Körper fühlte es sich an, als würde die Brust zusammengepresst und das Herz würde stehen bleiben. Die Belastung stufte Ulli auf der Skala von eins bis zehn glatt bei zehn ein. Schlimmer ging es nicht mehr. Die negative Kognition in dem Zusammenhang war: *Ich bin schuld, ich habe als Hundetrainerin versagt.* Für eine unterstützende Kognition hatte sie zunächst keine Idee. Ich schlug ihr daher einen Satz vor, der nach traumatisierenden Erlebnissen erfahrungsgemäß besonders hilfreich ist: *Es ist vorbei.* Den konnte sie annehmen. Sie konnte sich sehr gut vorstellen, dass es befreiend sein würde, das wirklich so zu empfinden – was ihr in diesem Stadium natürlich noch nicht möglich war.

Nach drei Sitzungen war die Belastung auf eins gesunken. Viele EMDR-Therapeuten bestehen darauf, eine glatte Null zu erreichen. Meine Erfahrung ist, dass Klienten oftmals einen winzigen Rest des ursprünglichen Gefühls behalten möchten – als eine Verbindung zur Vergangenheit vielleicht? Schließlich soll das belastende Erleben nicht aus dem Leben gestrichen und auch nicht aus dem Gedächtnis gelöscht werden. Es soll nur anders erlebt werden – als etwas, das vorbei ist.

Wenn Ulli jetzt an das Ereignis dachte und sich ein Bild dazu machte, war dieses kleiner, und sie konnte von außen darauf schauen. Auch sein Inhalt hatte sich verändert. Es war, als sei der Film weitergelaufen. Jetzt waren nämlich auf einmal auch die Menschen zu sehen, die in der Situation geholfen hatten. Das Körpergefühl war fast neutral und Ulli konnte nicht nur sagen „Es ist vorbei", sondern das auch empfinden. Der Glaubenssatz „Ich bin schuld" war entmachtet. Wie so oft in solchen Fällen hatte auch Ulli selbst im schlimmsten Stadium der Belastung keinerlei Schwierigkeiten gehabt, mit dem Verstand zu begreifen, dass sie dieses schreckliche Ereignis natürlich *nicht* verschuldet hatte. Der andere Hund war mit Geschirr und Leine scheinbar gesichert. Es war nicht vorherzusehen gewesen, dass der Kundenhund sich aus dem Geschirr befreien können würde. Aber vor der Therapie wusste sie das nur im Kopf. Ihr Gefühl sagte das Gegenteil und glaubte ihrem Kopf nicht.

Wir haben zur Sicherheit noch einen zweiten unterstützenden Glaubenssatz etabliert. Er lautete: Es war ein schlimmer Unfall und schließlich in Kombination mit dem anderen Satz: *Es war ein schlimmer Unfall, und es ist vorbei.*

Von diesem Punkt an konnten wir mit Coachingtechniken weitermachen, die Sie bereits kennen. Ulli etablierte einen Ressource-Anker und sammelte Ressourcen. Sie übte die Zwerchfellatmung, holte sich Kraft aus der Feuerwehrübung, trainierte zusammen mit Bobo den Fixpunkttrick. Bereits jetzt, ohne dass wir noch mit dem ebenfalls traumatisierten Hund gearbeitet hatten, konnte sie Bobo an einem anderen Hund ruhig und sicher vorbeiführen – in angemessenem Abstand natürlich.

EMDR ist eine Kurzzeittherapie. Dennoch – so schnell wie bei Ulli geht es nicht immer. In den meisten Fällen ist es notwendig, mit mehreren Erinnerungen zu arbeiten. Oft wirken viele unverarbeitete Erfahrungen zusammen, müssen im Zuge der Arbeit aufgespürt und integriert werden. Manchen Klienten in der therapeutischen Praxis ist es gar nicht unbedingt bewusst, welche Ereignisse in der Vergangenheit ihnen bis in die Gegenwart hinein zu schaffen machen. Wir tasten uns dann von Erinnerung zu Erinnerung an das Kerntrauma heran.

Ich denke da gerade an eine junge Frau, nennen wir sie Petra, die an heftigen Schuldgefühlen litt. Vor vielen Jahren hatte Petra einen Hundetrainer zugezogen, weil ihr damaliger Hund im Garten sehr viel bellte, was die Nachbarn beanstandeten. Als erste Maßnahme hatte der Mann dem Hund ein metallenes Würgehalsband umgelegt. Als jemand auf der Straße vorbeiging und der Hund wie immer zu bellen begann, zog der sogenannte Trainer ihn an diesem Halsband hoch in die Luft. Die Kette zog sich zusammen, der Hund röchelte. Seine Zunge war bereits blau – und Petra stand hilflos, wie erstarrt daneben. Nur die Tränen seien über ihre Wangen gelaufen, erzählte sie. Sie sei unfähig gewesen, etwas zu sagen, sich zu bewegen, unfähig einzugreifen. Das konnte sie sich selber nie verzeihen. Aber hinter diesem schrecklichen Bild, das sie nicht mehr losließ, steckten auch noch andere Erfahrungen. Solche, die sie als Kind mit einem übermächtigen und brutalen Vater gemacht hatte.

Erlebnisse wie die von Ulli oder Petra können mit Hilfe von EMDR ihre zerstörerische Macht über das Leben von Betroffenen verlieren. Dazu braucht es aber professionelle Unterstützung. In jedem Fall ist EMDR auch eine Therapieform, die Ihnen helfen kann, wenn ein Erlebnis mit Ihrem Hund sehr schlimm war und nachhaltige Spuren hinterlassen hat. Eine Alternative ist die Coaching-Variante des EMDR, das **w**ing**w**ave Coaching. Ausgebildete EMDR-Therapeuten und **w**ing**w**ave Coaches finden Sie im Internet.

Selbstcoachingtechniken

Im Selbstcoaching können Sie das klassische EMDR nicht durchführen. Es gibt jedoch etliche EMDR-Elemente und einfache Varianten, die wir herausgreifen und im Zuge des mentalen Trainings nutzen können. In vielen Fällen überschneiden sie sich mit NLP-Techniken, was durch die Geschichte des EMDR zu erklären ist.

So drehen Sie einen neuen Hundefilm für Ihr Kopfkino – und führen selbst Regie

Nicht von ungefähr spielen innere Bilder im EMDR wie auch im NLP eine ganz wichtige Rolle. In der Übung mit dem Feuerwehrschlauch haben wir die Wirkung bildlicher Vorstellungen auf den Körper kennengelernt und ihre Power erfahren. Darüber hinaus – und vor allem – sind sie untrennbar mit unseren Gefühlen verbunden. Da uns innere Bilder meist nur bewusst werden, wenn wir die Aufmerksamkeit darauf lenken, ist uns oftmals gar nicht klar, wie stark dieser Einfluss ist. Innere Bilder bestimmen darüber, wie es uns geht, ob wir zuversichtlich oder ängstlich, traurig oder fröhlich sind, und ob wir uns stark oder schwach fühlen.

Kein Wunder also, dass sich bei erfolgreichen EMDR-Prozessen die zu den belastenden Erfahrungen gehörigen inneren Bilder verändern. Manchmal sind es nur bestimmte Eigenschaften eines Bildes wie Größe, Farbigkeit und so weiter, manchmal sind es jedoch auch die Inhalte. Ist ein Trauma bewältigt, die Belastung einer Erinnerung aufgelöst ist, ist auch das dazugehörige Bild gut anzuschauen. Es löst keine schlechten Gefühle mehr aus.

Jenseits der EMDR-Therapie können wir eine entlastende Wirkung erzielen, indem wir – ähnlich wie bei der Plattenspielertechnik – die Eigenschaften innerer Bilder bewusst verändern. Diese Technik kennt man im Coaching und dem therapeutischen NLP schon sehr lange. Einmal mehr können wir so das Pferd vom Schwanz her aufzäumen: Indem wir mit verschiedenen Eigenschaften des Bildes experimentieren – beispielsweise mit der Größe, der Farbe, der Helligkeit, Schärfe, Entfernung – können wie beobachten, wie sich das Gefühl verändert. Eine der wichtigsten Unterscheidungen ist dabei die zwischen *Assoziation* und *Dissoziation*.

Wenn Sie mit einem Erinnerungs- oder Vorstellungsbild *assoziiert* sind, erleben Sie es so, als würden Sie die erinnerte/vorgestellte Situation aus eigenen Augen sehen. Sie sehen also nur die Umgebung, nicht aber sich selber.

Sind Sie von einem Bild *dissoziiert*, bedeutet das, Sie sehen das gesamte Geschehen von außen, vielleicht so, als würden Sie ein Poster oder einen Film betrachten. Sie selbst sind in diesem Fall mit auf dem Bild.

In der Regel wird es entlastend sein, wenn Sie eine unangenehme Erinnerung dissoziiert betrachten. Allerdings gilt auch hier: Keine Regel ohne Ausnahme.

In der Arbeit mit Klienten ist mir aufgefallen, dass es oft für die Betreffenden unmöglich ist, das Erinnerungsbild von außen zu betrachten. Sie rutschen sozusagen immer wieder ins Geschehen hinein. Das kann ein Hinweis sein, dass ein echtes Trauma vorliegt und Coachingtechniken für die Bewältigung nicht ausreichen werden. Nach einigen „Wink"-Durchgängen stellt sich die Dissoziation dann oft von selbst ein.

Ob Sie etwas assoziiert oder dissoziiert erinnern, hat in den meisten Fällen einen sehr starken Einfluss darauf, welche Gefühle Sie entwickeln.

Ein kleiner Test:

- Denken Sie sie bitte kurz an eine zurückliegende unangenehme Erfahrung. Stellen Sie sich die Szene für einen Moment so vor, als seien Sie jetzt wieder in dieser Situation (bitte wirklich nur kurz!). Unangenehm, oder?

- Unterbrechen Sie die Vorstellung, indem sie sich ein wenig bewegen. Stellen Sie sich nur dieselbe Szene dissoziiert vor. Was passiert? Wie verändert sich Ihr Gefühl, wenn Sie so von außen auf die Situation schauen und Sie sich selber auf dem Bild sehen können? Wenn Sie wenig Veränderung empfinden, treten Sie innerlich noch ein paar Schritte weiter zurück.

Wenn Sie mit inneren Bildern umgehen, denken Sie bitte daran, dass Sie diese nicht überfordern sollten. Sie müssen sich nicht gleich von Anfang an alles ganz klar und eindeutig vorstellen können. Wenn Sie das Gefühl haben, da ist kein Bild, oder es ist nicht zu fassen, fragen Sie sich:

Wenn da ein Bild wäre, wie sähe es aus? Tun Sie einfach so, als könnten Sie es sehen – und schon ist es möglich, ein wenig mit den spezifischen Eigenschaften Ihrer Vorstellungen oder Erinnerungen experimentieren. Genau das können Sie mit der nächsten Übung tun.

Bilderzauber in Aktion

Bitte notieren Sie alle Antworten zu den einzelnen Punkten. Beginnen wir mit einem angenehmen Ereignis.

• Gehen Sie in Gedanken zurück zu einer besonders schönen Erinnerung zusammen mit Ihrem Hund. Die Erinnerung sollte ein richtig gutes Gefühl in Ihnen auslösen. Welche Erinnerung wählen Sie?

....
....

• Erinnern Sie sich assoziiert oder dissoziiert an das Ereignis? (Sehen Sie es so, als seien Sie mittendrin, oder sehen Sie sich auch selber)?

....
....

- Wo im Raum ist das Erinnerungsbild (nah, weit entfernt, links, rechts, oben, unten …)?

....

....

- Ist es ein Standbild oder ein Film?

....

....

- Ist das Bild (der Film) groß oder klein? Wie groß/klein?

....

....

- Sehen Sie das Bild (den Film) in Farbe oder schwarzweiß?

....

....

- Sind die Farben kräftig, grell, eher matt, pastellartig?

....

....

- Ist das Bild (der Film) scharf oder eher verschwommen?

....

....

- Ist es dunkel oder hell?

....

....

- Ist es zweidimensional wie ein Foto – oder dreidimensional wie ein Kinofilm?

  ....

  ....

- Wenn Sie alles notiert haben, verändern Sie nun bitte probehalber die erste Bildeigenschaft in ihr Gegenteil. Wenn Sie in Ihrer Erinnerung spontan assoziiert waren, treten Sie einmal in Gedanken zurück, sodass Sie die Szene von außen sehen. Waren Sie dissoziiert, steigen Sie jetzt einmal richtig in die Szene ein. Wie verändert sich durch die Veränderung das Gefühl? Bleibt es gleich? Wird es noch besser – oder eher schlechter?

- Machen Sie dasselbe mit jedem einzelnen Punkt. Lassen Sie die Veränderung stehen, wenn das Gefühl besser wird, machen Sie sie rückgängig, wenn es schlechter wird. Markieren Sie alle Veränderungen, die Sie behalten wollen, weil Sie das gute Gefühl weiter intensiviert haben. Sie sollten nun ein Bild oder einen Film vor Augen haben, der Sie geradezu inspiriert.

  Genauso verfahren Sie nun mit einer visuellen Erinnerung, die zu einer belastenden Erfahrung gehört. Verändern Sie Ihr Gefühl durch Veränderung der Eigenschaften des belastenden Bildes (Films).

- Welches Erlebnis mit Ihrem Hund hängt Ihnen noch nach? Wie sieht das dazugehörige Bild aus? Welche Gefühle kommen hoch, wenn Sie das Erinnerungsbild betrachten?

  ....

  ....

- Erinnern Sie sich assoziiert oder dissoziiert an das Ereignis?

  ....

  ....

- Wo im Raum ist das Erinnerungsbild (nah, weit entfernt, links, rechts, oben, unten ...)?

....

....

- Ist es ein Standbild oder ein Film?

....

....

- Ist das Bild (der Film) groß oder klein? Wie groß/klein?

....

....

- Sehen Sie das Bild (den Film) in Farbe oder schwarzweiß?

....

....

- Sind die Farben kräftig, grell, eher matt, pastellartig?

....

....

- Ist das Bild (der Film) scharf oder eher verschwommen?

....

....

- Ist es dunkel oder hell?

....

....

- Ist es zweidimensional wie ein Foto – oder dreidimensional wie ein Kinofilm?

....

....

- Notieren Sie bitte wieder alles und verkehren Sie probehalber jede einzelne Bildeigenschaft in ihr Gegenteil. Wie verändert sich jeweils das Gefühl? Wird es besser – oder eher noch schlechter?

- Lassen Sie auch hier wieder die Veränderung stehen, wenn das Gefühl angenehmer wird, machen Sie sie rückgängig, wenn es noch schlechter wird. Sie sollten nun ein Bild oder einen Film vor Augen haben, der ein gutes, mindestens aber neutrales Gefühl auslöst.

Veränderungen der Emotion mit Hilfe der Untereigenschaften von Bildern sind in der Regel nicht sehr stabil. Holen Sie sich also bewusst immer wieder das veränderte Bild vor Augen.

Es gibt auch personenspezifische Eigenschaften von Bildern, die man nach ein wenig Übung kennt und immer schnell anwenden kann. Bei mir etwa ist es so, dass innere Bilder, die mit unangenehmen Gefühlen verbunden sind, meist eher rechts positioniert sind. Ich brauche das Bild nur von rechts nach links zu schieben, und schon fühlt sich die Situation, zu der es gehört, deutlich besser an.

Viel Spaß beim Experimentieren!

Guter Rat ist oft gar nicht so teuer

Den Unterschied zwischen einer assoziierten und dissoziierten bildlichen Vorstellung oder Erinnerung können wir auch nutzen, um uns selbst Tipps zu geben. Wir alle verfügen über eine Art inneren Mentor, einen ganz persönlichen Berater, den wir aktivieren können, wenn wir einfach nur den Blickwinkel wechseln. Ein Beispiel:

Kerstin und ihre Hündin Kira lernte ich in einem Tricktrainings-Seminar kennen. Selbstverständlich arbeiten wir im Tricktraining mit Futterbelohnung und wir belohnen während des Übungsaufbaus auch jeden kleinen Schritt des Hundes in die richtige Richtung. Bei Kerstin aber fiel mir auf, dass sie Kira auch außerhalb der Übungen fast ununterbrochen Leckerchen zusteckte. Natürlich ist es auch in Ordnung, dem Hund in den Pausen auch mal „einfach so" ein Futterstückchen zu geben. In dem Fall war es aber so viel, dass es für den Hund schwierig werden konnte, die Futtergaben noch als positive Verstärkung beim Aufbau einer Übung wahrzunehmen. Vor allem aber war die Art auffällig, wie Kerstin in die Futtertasche griff – sie wirkte wie in Trance.

Ich sprach sie darauf an. Sie sagte, dass es ihr gar nicht so vorkomme, als würde sie übertrieben viel füttern. Ich bat sie, sich vorzustellen, sie könne sich selber und Kira gewissermaßen durch meine Augen sehen. Das versuchte Kerstin und sie ging auf diesem Weg automatisch in die Dissoziation. Mit diesem Abstand konnte sie die Situation anders wahrnehmen. „Stimmt", sagte sie und wirkte sehr erstaunt dabei. „Ich füttere sehr viel – und ich merke das selber gar nicht so richtig." Nach einer kleinen Pause sah sie mich an und sagte: „Ich mache das, um Kira zu beruhigen. Kira ist ein sehr sensibler Hund, leicht gestresst, sie bellt dann – und mir ist das peinlich."

Ich konnte Kerstins Sorge gut verstehen. Sie wollte, dass es ihrem Hund auf dem Seminar gutging, und sie hoffte, dass Kira die anderen Teilnehmer nicht durch ihr Gebell stören würde. Ich fragte sie, ob sie es einmal anders versuchen wolle. Als sie dies bejahte und ebenso meine Frage, ob sie zu einem Experiment bereit sei, bat ich sie, noch einmal in ihrer Vorstellung von außen auf die Situation zu schauen. Und ich fragte sie, ob sie der „anderen Kerstin dort auf dem Bild" einen Rat geben könnte.

Kerstin fand auf diesem Weg heraus, dass sie – nach ihren eigenen Worten – selber der „Futterjunkie" war, weil es nämlich sie selbst war, der die Beruhigungsversuche galten. Sie gab sich aus der dissoziierten Position heraus selber den Rat, das Futter irgendwie anders zu verstauen, sodass sie nicht vollkommen automatisch zugreifen konnte. Der Griff zum Leckerchen würde ihr so wieder bewusster werden. Ich schlug vor, ab sofort größere Kauartikel verwenden, mit denen Kira die Wartezeiten überbrücken konnte. Wir probierten die Sache gleich aus. Siehe da – mit Hilfe einer recht kleinen Futtertasche aus meinem Fundus und einem großen Kauknochen waren Frauchen und Hund deutlich entspannter und fühlten sich offensichtlich wohler.

Vielleicht fragen Sie sich jetzt, warum ich Kerstin nicht einfach gesagt habe, sie möge ihrem Hund doch lieber einen Kauknochen anbieten statt unzähliger Leckerchen. Das Dauerfüttern hatte in dem Fall eine selbstberuhigende Funktion und war gar nicht bewusst (was an der Art zu erkennen war, in der es erfolgte). Hier ging es nicht um richtiges oder falsches Verhalten. Zweck der Übung war es, dass das Verhalten erst einmal in Kerstins Bewusstsein gelangen konnte, sodass sie die Möglichkeit hatte, zu entscheiden, ob und wie sie es verändern wollte.

Der Blick von außen ist also sehr hilfreich, wenn man immer wieder in ein bestimmtes Verhalten rutscht, das man eigentlich nicht will. Eines von unzähligen Beispielen wäre das viele verbale Rügen des Hundes (*Paulchen, aus! Tinka, pfui!* und so weiter). Das ist, wie praktisch alle Hundehalter wissen, nicht besonders hilfreich. Es wird für den Hund entweder einfach zum Hintergrundgeräusch, oder es wirkt sogar belohnend, weil der Vierbeiner ja sofort Aufmerksamkeit kriegt, wenn er das unerwünschte Verhalten zeigt. Beim einen oder anderen Hundehalter „rutscht" das „Aus!" oder „Pfui" aber halt leicht heraus – wider besseres Wissen.

Der innere Mentor hilft aber auch, wenn man im Training mit dem Hund an einem bestimmten Punkt nicht weiterkommt, wenn man eine Idee braucht, oder aber einen guten Rat.

So beraten Sie sich selbst:

- Legen Sie einen Platz im Raum fest, der für die Situation steht, in der Sie einen Rat brauchen könnten. Das ist Ihr Aktionsplatz.

- Stellen Sie sich auf diesen Platz und gehen Sie assoziiert in die Situation, indem Sie so tun, als wären Sie jetzt gerade dort. Sie nehmen wahr, was Sie sehen, hören, riechen und fühlen.

- Verlassen Sie den Platz. Bewegen Sie sich etwas. Gehen Sie ein Stück zurück. Schauen Sie nun von außen auf den Platz von vorhin, tun Sie so, als könnten Sie sich selber (und Ihren Hund) sehen. Das ist ihr Beraterplatz. Geben Sie von hier aus Ihrem anderen Ich einen Rat.

- Gehen Sie nun auf den Aktionsplatz zurück. Nehmen Sie den Rat Ihres anderen Ich – des inneren Mentors – in Ihrer Vorstellung in Empfang und überprüfen Sie, wie er sich anfühlt. Gut? Dann setzen Sie ihn in der Realität um.

Der innere Mentor ist immer bereit, Ihnen mit Rat und Tat zur Seite zu stehen. Sie müssen sich nur „ein Stück Abstand verschaffen" – wie auch der Volksmund weiß.

SPECIAL FÜR HUNDETRAINER:

In manchen Zusammenhängen ist es am effektivsten, den Kunden dabei zu unterstützen, selbst eine Lösung zu finden. Das ist vor allem natürlich dann nützlich, wenn es darum geht, ein unbewusstes Verhalten erst einmal aufzuzeigen. Dafür können Sie die Dissoziation nutzen.

Für Kunden, die sich selber zu wenig zutrauen, kann es ein großer Gewinn sein, die eigene Kompetenz auf diese Weise zu erfahren. Und schließlich wissen wir, dass selbst gefundene Lösungen in den meisten Fällen die besten sind und das Selbstentdecktes ganz anders und viel tiefer im Gedächtnis verankert wird.

So können Sie vorgehen (K steht für Kunde oder Kundin):

Beschreiben Sie, was K tut. Wichtig ist, dass Sie dabei eisern auf der sinnlich wahrnehmbaren Ebene bleiben und keine Interpretation in Ihre Rückmeldung einfließen lassen. Das heißt, Sie melden bitte nur das zurück, was Sie wirklich sehen und hören können. Beispiele: „Ich sehe, dass die Leine ständig unter Spannung ist." Oder: „Ich höre, dass Sie sehr oft den Namen des Hundes sagen." Interpretationen wären beispielsweise: „Sie sind vielleicht ein wenig ungeduldig." Oder: „Sie haben zu wenig Vertrauen zu Ihrem Hund."

Laden Sie K zu einem kleinen Experiment ein. Bitten Sie K, die Situation so zu betrachten, als würde er/sie diese aus Ihren Augen sehen – also von außen – und lassen Sie sich das Wahrgenommene schildern.

Fragen Sie K, ob er/sie zu einem weiteren Experiment bereit ist. Bei Zustimmung bitten Sie K, noch einmal von außen auf die Situation zu schauen. Fragen Sie, welchen Rat K dem/der „anderen K dort auf dem Bild" geben könnte (Diese etwas eigenartig wirkende Formulierung ist sehr wichtig, da uns allen aus dem Alltag die dissoziierte Position nicht so vertraut ist und wir leicht automatisch in die Assoziation zurückfallen).

Überprüfen Sie gemeinsam die Ideen und Vorschläge von K und probieren Sie sie aus.

Das mulmige Gefühl vor dem Hundespaziergang „wegdrehen" – die Spirale

Die Spirale ist eine mentale Übung, die ebenfalls auf inneren Bildern beruht. Entwickelt hat sie Francine Shapiro für das Selbstcoaching. Sie eignet sich bei den meisten Menschen gut dafür, unangenehme Gefühle wie Angst, Besorgnis oder Ärger hinter sich zu lassen – vorausgesetzt, diese sind nicht zu massiv. Nicht geeignet ist die Technik für starke Ängste, Panikattacken, schwere begründete Sorgen oder auch Depressionen. Probieren Sie die Übung aus, wenn Sie ein „mulmiges" oder leicht beklemmendes Gefühl haben, zum Beispiel vor Hundespaziergängen – aus welchem Grund auch immer.

Die Spirale in Aktion

- Nehmen Sie das Gefühl bewusst wahr. Wo im Körper spüren Sie es am deutlichsten?

- Stellen Sie sich vor, das Gefühl wäre eine Art Energie, die sich zu einer Spirale formt und dreht. In welche Richtung dreht sie sich? Was passiert? (Nach meiner Erfahrung funktioniert die Übung bei einigen Menschen besser, wenn sie sich die Spirale außerhalb ihres Körpers vorstellen. Das ist von Frau Shapiro so nicht gemeint, aber eine durchaus mögliche Variante.)

- Lassen Sie die Spirale in Ihrer Phantasie jetzt in die andere Richtung drehen. Was verändert sich? Was passiert mit Ihrem Gefühl? (Sollte die ursprüngliche Drehrichtung besser gewesen sein, dürfen Sie natürlich auch zu dieser zurückkehren).

Die Spiralübung von Francine-Shapiro ähnelt den Techniken, in denen wir mit Untereigenschaften von bildlichen oder akustischen Vorstellungen/Erinnerungen arbeiten und die Sie schon kennengelernt haben. Neu ist, dass sie gewissermaßen direkt am Gefühl ansetzt und das Gefühl selbst visualisiert. Wenn Ihnen die Übung gefällt und sie bei Ihnen gut wirkt, haben Sie – auch über Hundeprobleme hinaus – ein schnelles und praktisches Erste-Hilfe-Werkzeug zur Hand.

Ein sicherer Ort für Sie (und Ihren Hund)

In der EMDR-Therapie arbeiten wir immer mit einem sicheren Ort. Das ist ein imaginierter oder erinnerter Platz, an dem sich der Klient geschützt und entspannt fühlt. Dieser vermittelt Ruhe und Sicherheit, wenn die Konfrontation mit einer traumatisierenden Erinnerung zu belastend wird.

Aber auch jenseits der Therapie ist es wohltuend, entspannend und bereichernd, einen solchen inneren Wohlfühlplatz zu haben. Wir finden diesen auf dem Weg einer kleinen Meditation. Die Suche nach dem sicheren Ort lässt Sie tief in Ihre innere Welt eintauchen. Sie ist ein gutes Beispiel für den Wert von Downtime-Zuständen. Sie können in ruhigen Minuten auf diese Weise Kraft schöpfen, Gefühle von Beunruhigung loslassen, „herunterkommen", wenn Sie aufgeregt oder gestresst waren oder sich auf Situationen vorbereiten, die „stressig" sein könnten.

Den persönlichen sicheren Ort entdecken

* Durchforsten Sie einmal in Ruhe den Schatz Ihrer Erinnerungen. Gibt es einen Platz, an dem Sie sich richtig gut, ruhig und sicher fühlen oder in der Vergangenheit gefühlt haben? (Francine Shapiro weist darauf hin, dass dieser Ort wirklich uneingeschränkt positiv sein sollte. Man sollte also nicht den Schrank wählen, in dem man sich als Kind versteckt hat, wenn die Eltern gestritten haben). Vielleicht gab oder gibt es in Ihrem Leben einen Lieblingsplatz, der Ihnen einfach ein gutes Gefühl beschert(e). Dieser kann in der Natur sein, auf einer Wiese, im Wald, auf einem Berg, am Strand ... oder in einem Raum. Vielleicht ist es ein Ort, an dem Sie einmal in Urlaub waren oder der Lieblingsbaum, auf den Sie als Kind geklettert sind. Es kann aber auch ein Platz in Ihrem jetzigen oder früheren Zuhause sein (auch das Bett ist erlaubt, wenn Sie sich dort richtig gut und geborgen fühlen).

* Sie haben eine solche Erinnerung gefunden? Prima. Wenn nicht – kein Problem. Sie dürfen sich den sicheren Ort auch nach Ihren Wünschen „zurechtbasteln" (eine meiner Klientinnen wählte ihr Bett, dieses war aber – anders als in der Realität – ein Himmelbett. Außerdem konnte es fliegen und sie an jeden Ort bringen, den sie sich wünschte). Alles, was Ihnen in den Sinn kommt und wirklich Sicherheit und Ruhe vermittelt, ist erlaubt. Selbstverständlich dürfen Sie dorthin auch Ihren Hund mitnehmen. Wenn Sie lieber ganz allein an Ihrem sicheren Ort sein möchten, weil Sie so besser Kraft tanken können, ist das auch in Ordnung. Folgen Sie Ihrem Gefühl.

* Wenn Sie Ihren sicheren Ort gefunden haben, schließen Sie bitte die Augen. Stellen Sie sich vor, jetzt dort zu sein. Nehmen Sie wahr, was Sie hier sehen, hören, vielleicht auch riechen können, wenn Sie sich an diesem Ort aufhalten. Achten Sie auf Ihre Körperempfindungen. Wie fühlt es sich an, hier zu sein?

- Finden Sie einen Begriff, der für Ihren sicheren Ort steht (Beispiele: Mein Wald, mein Zauberbett, Frieden …). Indem Sie sich innerlich diesen Begriff sagen, wird er zu einem Code für den entspannten, guten Zustand, zu einem verbalen Anker.

- Öffnen Sie die Augen. Kommen Sie ins Hier und Jetzt, bewegen Sie sich ein wenig.

- Wenn Sie nun wieder zurückgehen zu Ihrem sicheren Ort, sagen Sie das Wort, nehmen Sie alles wahr, was Sie sehen und hören können und fügen Sie die tiefe, entspannte Bauchatmung hinzu, die Sie schon kennengelernt haben – und lassen Sie es zu, ganz dort anzukommen. Achten Sie darauf, wie sich Ihr Gefühl verändert. Es sollte sich ruhig, zufrieden und sicher anfühlen, an diesem Ort zu sein.

- Festigen: Wiederholen Sie den Ablauf ein paarmal, um die Übung zu festigen. Das muss nicht am selben Tag geschehen, aber vergessen Sie es bitte nicht.

- Test: Denken Sie an eine Situation, die Sie in letzter Zeit etwas beunruhigt hat (auch hier wieder – im Selbstcoaching bitte nichts Drastisches!). Nehmen Sie wahr, wie es sich in Ihrem Körper anfühlt, wenn Sie sich auf diese Erinnerung einlassen. Gehen Sie jetzt innerlich an Ihren sicheren Ort zurück. Nehmen Sie das Codewort hinzu, atmen Sie tief in den Bauch. Beruhigung und ein Gefühl von Sicherheit sollten sich jetzt wieder einstellen.

Nicht-visuelle bilaterale Stimulation im Selbstcoaching

Weiter oben haben wir festgestellt, dass eine bilaterale Stimulation nicht nur durch Augenbewegungen funktioniert. Das bedeutet, wir können auch „Taps" nutzen oder akustische Signale. Inzwischen gibt es technische Geräte, die man zum Selbstcoaching nutzen kann, sogar „EMDR-Brillen". Ich selber habe damit keine Erfahrung und kann daher schlecht beurteilen, wie sinnvoll diese sind. Die sogenannten Taps sind in jedem Fall eine gute Sache und sehr einfach durchzuführen.

Taps

Wenn Sie Ihren sicheren Ort gefunden haben, den Sie jederzeit aufsuchen können (mit oder ohne Ihren Hund) und sich positive Gefühle einstellen, können Sie diese Erfahrung durch Taps verstärken. Wenn wir die bilaterale Stimulation nutzen, um positive Gefühle stärker oder „haltbarer" zu machen, führen wir die Bewegungen langsam aus und stimulieren nicht so lang wie bei der Neuverarbeitung negativer Erfahrungen.

- Gehen Sie an Ihren sicheren Ort. Atmen Sie tief und ruhig in den Bauch. Wenn Sie mit allen Sinnen angekommen sind, sich geborgen und wohl fühlen, legen Sie die Hände auf die Oberschenkel und tappen abwechselnd rechts und links für ein, zwei Minuten.

Francine Shapiro weist darauf hin, dass sich die Gefühle beim Tappen unter Umständen negativ verändern können, weil eventuell auch unverarbeitete Erinnerungen hochkommen. Ich kenne dieses Problem aus der Praxis nicht, gebe das aber so an Sie weiter. Nach meiner Erfahrung wirken Taps bei unterschiedlichen Menschen sehr unterschiedlich – bei dem einen sehr gut, bei einem anderen wieder kaum. Probieren Sie es aus!

Der Schmetterling

Der Schmetterling – auch genannt „die Schmetterlingsumarmung" ist eine weitere Form der taktilen Stimulation. Sie eignet sich besonders gut dafür, positive Gefühle zu verstärken.

- Nehmen Sie das gute Gefühl ganz aufmerksam wahr, das Sie gerade haben und verstärken möchten. Sie können selbstverständlich auch eine schöne und angenehme Erinnerung aufrufen und diese noch präsenter machen. Oder Sie gehen innerlich an Ihren sicheren Ort.

- Kreuzen Sie die Arme vor dem Oberkörper so, dass die linke Hand auf dem rechten Oberarm oder der Schulter liegt, die rechte Hand auf dem/der linken.

- Schließen Sie die Augen. Tappen Sie abwechselnd langsam ein paarmal rechts und links im Wechsel, während Sie sich ganz auf das gute Gefühl einlassen.

- Öffnen Sie die Augen und überprüfen Sie, wie weit sich die angenehmen Gefühle verstärkt haben.

Auf dem Hundespaziergang bin ich handlungsfähig – Kognitionen

Im Coaching ist oft von sogenannten Glaubenssätzen die Rede. In der Schulpsychologie und auch im EMDR spricht man von *Kognitionen*. Gemeint ist dasselbe, nämlich das, was wir über uns glauben. Kognitionen/Glaubenssätze bestimmen darüber, wie wir unser Leben meistern. Sie können uns Kraft geben oder uns blockieren. Oft sind sie uns nicht bewusst.

Eine blockierende Kognition steckt auch manchmal hinter Problemen mit dem Hund. Sarah zum Beispiel – wenn sie ihre kleine Mischlingshündin Missie aus dem Freilauf abrufen wollte, schien diese „Tomaten in den Ohren" zu haben. Sarah wirkte ausgeglichen und selbstsicher. Wenn es jedoch um den Abruf ging, wurden sowohl ihre Stimme als auch ihre Körpersprache unklar und unstimmig. Erst, als wir darüber sprachen, wurde Sarah klar, dass sie tief in ihrem Inneren glaubte, „das mit dem Abrufen" einfach nicht zu können. Es würde anderen Hundehaltern gelingen, ihr jedoch nicht.

Nachdem der Glaubenssatz identifiziert war und durch einen neuen ersetzt war *(Sicheres Abrufen ist erlernbar und hat mit Training zu tun)*, konnten wir mit Erfolg ein einfaches, systematisch aufgebautes Abruftraining durchführen. Jetzt war auch Sarahs Stimme freundlich und fest und ihre Körpersprache stimmig. Und Missie kam freudig angelaufen, wenn sie gerufen wurde.

Wir unterscheiden zwei Arten von Kognitionen (wobei die Übergänge fließend sind). Situationsgebundene Kognitionen stehen – wie in unserem Beispiel oben – mit einer bestimmten Situation in Zusammenhang. Allerdings gibt es auch Glaubenssätze, die unsere Identität betreffen. Letztere nennen wir auch *Kernglaubenssätze*. Sie beginnen oft mit „Ich bin ..."

Beispiele für Kernglaubenssätze:

Ich bin klug.
Ich bin ein Versager.
Ich bin in Ordnung.
Ich bin nichts wert.

Negative Kernglaubenssätze sind nicht ohne weiteres zu verändern, da sie unser ganzes Sein betreffen. In der Regel wird therapeutische Hilfe ratsam sein, wenn diese sehr ausgeprägt sind. Situationsgebundene Kognitionen sind leichter zu beeinflussen. Ich komme später darauf zurück, wie Sie mit einer vereinfachten EMDR-Technik solche blockierenden Glaubenssätze in förderliche verwandeln können.

Kognitionen finden, die wirklich weiterhelfen

Wenn Sie ein Problem mit dem Hund haben, überlegen Sie, ob es einen Glaubenssatz gibt, der mit diesem Problem in Zusammenhang stehen könnte.

Typische blockierende Kognitionen im Zusammenhang mit Hundeproblemen sind:

- *Ich kann das nicht.*
- *Ich kriege es nicht hin, dass mein Hund zuverlässig zurückkommt, wenn ich ihn rufe.*
- *In der Hundestunde klappt alles, allein bringe ich nichts zustande.*
- *Im entscheidenden Moment fällt mir nie das Richtige ein, was ich tun sollte.*
- *Mein Hund wird niemals an einem anderen Hund vorbeigehen können, ohne diesen wie verrückt anzubellen.*
- *Mein Hund kann das nicht.*
- *Mein Hund will das nicht.*

(Die drei letzten Glaubenssätze sind Beispiele für Projektionen. Das bedeutet, dass der Mensch dem Hund etwas zuschreibt, das eigentlich seine eigene Angelegenheit ist.)

Ich kriege das mit dem Abrufen einfach nicht hin ist ein Beispiel für eine situationsgebundene Kognition. Sarah litt nicht unter massiven Selbstzweifeln oder Versagensängsten. Der Glaubenssatz bezog sich nur auf das Zurückrufen ihres Hundes. Sie hatte nicht bedacht, dass hinter dem sicheren Zurückkommen von Hunden, bei denen das so selbstverständlich scheint, oft ein intensives Training steckt. (Glaubenssätze ähnlichen Inhalts, die aber auf der Identitätsebene angesiedelt sind, wären: *Ich bin es nicht wert, dass mein Hund mich respektiert.* Oder: *Ich bin eine Versagerin*).

Wenn Sie an schwierige Situationen mit dem Hund denken – was glauben Sie über sich?

....

....

....

Welche unterstützende Überzeugung könnte an die Stelle der blockierenden treten?

....

....

....

Achten Sie bitte darauf, dass Sie sich mit der positiven Kognition nicht überfordern. Einmal mehr geht es hier um Sinn und Unsinn des positiven Denkens. Sätze wie *Alles, was ich anfange, gelingt mir!* oder *Ich bin ein echter Hundeflüsterer/eine Hundeflüsterin und mein Hund wird alles tun, was ich will!* sind unsinnig. Unser eigenes Unbewusstes glaubt uns so etwas nicht und wird auf Abwehr gehen. Im schlimmsten Fall setzen wir uns auf diese Weise selber unter Druck.

Beispiele für wirklich hilfreiche positive Kognitionen:

Die Kognition aus der Überschrift Auf dem Hundespaziergang bin ich handlungsfähig ist ein Beispiel für einen hilfreichen Glaubenssatz. Er beinhaltet keine unrealistischen Ziele und erinnert daran, dass wir Zweibeiner viele Möglichkeiten haben, etwas gegen missliche Situationen zu unternehmen (wie beispielsweise die vielen Coaching-/Selbstcoaching-Strategien und Techniken in diesem Buch). Er hilft uns, achtsam und wach zu bleiben. Zugleich macht er Mut und stärkt das Selbstvertrauen.

Vielleicht ist Ihnen aufgefallen, dass der Glaubenssatz, der die traumatisierte Ulli nach der EMDR-Intervention nun begleitet, gar nicht wirklich positiv ist. „Es ist vorbei" ist strenggenommen keine positive Formulierung, „... und es war ein schlimmer Unfall" erst recht nicht. Dennoch sind beide Teile der unterstützenden Kognition hilfreicher, als viele andere Sätze es jemals sein könnten. Das allerwichtigste war es für Ulli, zu spüren, dass das schlimme Erlebnis nun wirklich hinter ihr liegt und auch nicht nur mit dem Verstand, sondern auch mit dem Gefühl zu begreifen, dass sie das Unglück nicht verschuldet hat.

„Es ist vorbei" ist der ideale Glaubenssatz für alle Situationen, die in der Vergangenheit liegen, uns aber immer noch zu schaffen machen. Gerade bei sehr belastenden Erfahrungen oder sogar Traumatisierungen ist es der entscheidende Schritt, das Ereignis wirklich als etwas erleben zu können, das hinter einem liegt. Dieser Satz wirkt fast „neutral" oder „harmlos". Er kann jedoch, wenn er integriert wird, enorm entlastend sein.

„Ich bin o.k." drückt für mich ein echtes, tiefes und ruhiges Selbstwertgefühl aus. Der Satz bedeutet, ich glaube von mir, dass ich in Ordnung bin, so wie ich bin. Ich weiß, dass ich meine Fehler und Schwächen habe, wie jeder Mensch, aber ich bin o.k. Und die Menschen, die mich mögen, sind kein bisschen „plemplem". Als neuer Glaubenssatz ist Ich bin o.k. sehr viel leichter anzunehmen als etwas wie Ich bin souverän, selbstsicher und stark. Oder gar: Ich bin immer und in allem erfolgreich.

„Ich kann damit umgehen" kann ein enorm hilfreicher Satz sein. Er verlangt mir nicht ab, ein schlimmes Ereignis zu ignorieren oder zu vergessen. Aber wenn ich mit Dingen umgehen kann, sind sie nicht mehr belastend.

Glaubenssätze, die einen Prozess einbeziehen, wie „Ich kann von Tag zu Tag besser ..." sind entlastend und unterstützend zugleich. Sie müssen nicht glauben, dass Sie etwas, das Sie noch nicht können, sofort beherrschen oder „eigentlich längst können" sollten. Prozessorientierte Glaubenssätze geben Raum für Entwicklung.

Kommen wir noch einmal zu unserem Thema Hundetraining und Glaubenssätze zurück und bleiben wir beim Beispiel Rückruf. Natürlich könnte man meinen, dass für Rückrufprobleme ein gut aufgebautes Training mit dem Hund ausreichen müsste. In den meisten Fällen trifft das auch zu. Manchmal ist es rassebedingt schwieriger oder auch durch die Vergangenheit des Hundes. Gar nicht so selten aber verhindern subtile Blockaden, dass der Zweibeiner sich wirklich auf das Training einlassen kann. Der Mensch hat seine Selbstwirksamkeit verloren. Sehr oft stecken Glaubenssätze dahinter.

Während Sarahs Glaubenssatz, „das mit dem Rückruf" einfach nicht zu können, nur damit zu tun hatte, dass sie hinter dem sicheren Abrufen insgeheim irgendeine mysteriöse Fähigkeit vermutete, die sich aber als erlernbar entpuppte, war der Fall bei einer anderen Klientin wesentlich komplexer.

Judith kam zu mir, weil sie Angst hatte, ihren Foxterrier Chips frei laufen zu lassen. Er würde nicht zuverlässig zu ihr zurückkommen. Somit konnte er immer wieder in Gefahr geraten. Dieses Problem in den Griff zu kriegen, traute sie sich nicht zu, nicht einmal mit Unterstützung eines Hundetrainers.

Im Empowerment-Prozess, dem ersten Mittel der Wahl bei einer solchen Problemstellung, fand Judith die Schlüsselressource: Vertrauen in sich selbst und ihren Hund. Wie aber war ihr dieses abhandengekommen?

Zum einen war da ein Erlebnis mit Chips, das nachwirkte. Der kleine Hund hatte wieder einmal Frauchens Rufen „überhört" und wäre fast in ein Auto gelaufen. Passiert war zum Glück nichts, der Autofahrer konnte bremsen. Aber eine innere Überzeugung war zurückgeblieben. Sie lautete: Ich kann nichts tun, wenn mein Hund in Gefahr gerät. Im Verlauf des Gesprächs tauchte noch ein weiterer Satz auf, einer dieser Slogans, die unreflektiert übernommen werden (siehe „Was mach ich nur, wenn Roxy auftaucht ...“): Terrier kann man nicht erziehen. Judith hatte das irgendwo gelesen oder gehört.

Zunächst schien alles klar zu sein. Judith hatte den Rückruf mit Chips nie trainiert, also war es nicht erstaunlich, dass er nicht zuverlässig klappte. Die unsinnige Idee, man könne Terrier nicht erziehen, bestärkte die Kognition, nichts tun zu können, offensichtlich noch. Das Problem schien auf den ersten Blick relativ einfach und leicht lösbar zu sein. Bald aber zeigte sich, dass alles ganz anders war.

Zu dem Erlebnis mit dem Auto bot ich Judith eine verkürzte EMDR-Intervention an, die wir auch gleich durchführten. Nach zwei Durchgängen war die Belastung durch diese Erinnerung deutlich zurückgegangen. Allerdings stellte sich im Anschluss ein weiteres Bild ein, das vom Inhalt her nichts mit der Situation mit Chips zu tun hatte. Beide Erlebnisse waren jedoch durch dasselbe Gefühl verbunden – einer Mischung aus Hilflosigkeit, Angst und Wut.

Hier sind wir mitten in der Therapie. Schritt für Schritt werden die unverarbeiteten Erfahrungen aufgespürt, bis die Schlüssel-Erfahrung gefunden ist. In Judiths Fall war das keine Einzelerfahrung, sondern eine Reihe von Kindheitserlebnissen mit einem sehr harten, autoritären Vater. Für Judiths Vater waren selbst seelische und körperliche Misshandlungen der Tochter „notwendige Erziehungsmaßnahmen".

Rund um das Schlüsselwort Erziehung hatte sich durch diese Erfahrungen ein Glaubenssystem gebildet. Erziehung an sich erschien Judith als etwas Grausames, etwas, das sie niemandem jemals antun wollte, ihrem geliebten Hund schon gar nicht.

Nach einigen EMDR-Sitzungen belastete das Triggerwort Erziehung Judith nicht mehr. Es ging ihr gut. Auch das Problem mit dem Abruftraining gehörte der Vergangenheit an. Sie hatte keine Sorge mehr, Chips durch die „Erziehungsmaßnahme Abruftraining" etwas Schlimmes anzutun. Ihr neuer Glaubenssatz lautete: Durch freundliche Erziehung schütze ich meinen Hund. Ein konsequentes, aber unbeschwertes und fröhliches Training mit Hilfe von Belohnungen machte nun beiden richtig Spaß. „Es ist schon verrückt", sagte Judith zu mir, als wir uns verabschiedeten. „Ich hab mir extra einen angeblich unerziehbaren Terrier angeschafft, damit ich nicht Gefahr laufe, ihn doch erziehen zu müssen. Von den Zusammenhängen mit früheren Erfahrungen habe ich ja überhaupt nichts geahnt."

EMDR für den Hausgebrauch – der Scheibenwischer

Die Geschichte von Judith und Chips habe ich erzählt, um darauf hinzuweisen, dass Sie unter Umständen mit der folgenden Technik plötzlich in Untiefen der Seele landen können, die Sie nicht erwartet haben. Sollte Ihnen das passieren, während Sie die folgende Intervention anwenden, brechen Sie bitte sofort ab und suchen Sie Ihren sicheren Ort auf. Und bedenken Sie bitte: Die stark vereinfachte EMDR-Technik, die ich Ihnen hier vorstellen möchte, der sogenannte Scheibenwischer, eignet sich nicht dafür, komplexe Probleme aufzuarbeiten.

Thema des „Mini-EMDR-Prozesses" kann ein blockierender Glaubenssatz sein, etwas, das Sie befürchten, oder „der Klassiker" – eine Erinnerung, die Ihnen noch nachhängt. Wenn Sie mit einer Kognition arbeiten wollen, stellen Sie bitte sicher, dass es sich dabei nicht um einen Kern-, sondern um einen Situationsglaubenssatz handelt. Geht es um eine ungute Erinnerung, schätzen Sie bitte vorab die Belastung auf einer Skala von 1 – 10 ein. Diese sollte möglichst unter 5 liegen, wenn Sie das Modell ohne fachkundige Hilfe nutzen. Kernglaubenssätze und stärker belastende Erinnerungen bis hin zu traumatisierenden Ereignissen brauchen professionelle Unterstützung. Gut ausgebildete und erfahrene Therapeuten verfügen über die über Mittel und Wege, einen Klienten zu stabilisieren, wenn dieser zu stark in das negative Erleben der Ursprungssituation hineingerät.

Die Technik, die ich Ihnen vorschlage, soll Ihnen ermöglichen, die Wirkung von EMDR selbst zu erfahren. Es handelt sich um eine Mischung aus vereinfachtem EMDR, EMI *(Eye Movement Integrator)* und **w**ing**w**ave-Coaching.

EMI wurde schon in den 1980er Jahren von NLP-Trainern und Therapeuten angewandt. Anders als später im EMDR führt der Coach beim Eye Movement Integrator den Klienten durch alle möglichen Augenpositionen (oben, unten, Mitte, rechts, links). EMI war und ist eine wirkungsvolle Intervention. Dennoch werden wir hier die inzwischen so gut überprüften und dem REM-Schlaf nachempfundenen EMDR-„Balkenbewegungen" nutzen. Aus dem **w**ing**w**ave-Coaching nehmen wir den dort sehr intensiv eingesetzten Ringtest hinzu, den ich Ihnen weiter oben bereits vorgestellt habe.

Der Scheibenwischer ermöglicht Ihnen, eine Situation, die Sie nicht „ganz verdaut" haben, ab sofort anders zu erleben. Wichtig: „Anders erleben" bedeutet nicht, die Situation zu vergessen oder gar toll zu finden. Nur die damit verbundene Stressreaktion sollte nicht mehr eintreten. Es gibt eine Geschichte, die dieses Ziel deutlich macht – die Geschichte vom Mann und dem Tiger.

Ein Mann geht in einen Zoo und sieht einen wunderschönen Tiger. Der Mann klettert über die Absperrung und steckt seinen Arm durch das Gitter, um den Tiger zu streicheln. Der Tiger reißt mit seiner Pranke den Arm des Mannes auf. Dieser ist nicht nur körperlich verletzt, sondern auch seelisch. Er geht zu einem Therapeuten, der ihm erklärt, es sei wichtig, die belastenden Gefühle, die Enttäuschung und die Wut auf den Tiger ganz loszulassen und ihm zu verzeihen.

Der Mann geht erneut in den Zoo. „Ich verzeihe dir", sagt er zu dem Tiger, „Und ich bin auch nicht mehr enttäuscht oder wütend auf dich." Er streckt seinen Arm durch das Gitter und streichelt ihn. Der Tiger schlägt erneut mit der Pranke zu. Wieder ist der Arm des Mannes aufgerissen und er blutet stark. Nachdem seine Fleischwunde versorgt ist, geht er wieder zu seinem Therapeuten und sagt: „Das war ein ganz schlechter Rat von Ihnen. Ich habe dem Tiger verziehen, aber er hat mich wieder verletzt."

„Sie müssen eines verstehen", sagt der Therapeut. „Ein belastendes Gefühl loslassen, heißt niemals, das Erlebnis, durch das es entstanden ist, zu vergessen."

Der Mann geht zurück in den Zoo. In respektvollem Abstand bleibt er stehen und betrachtet den Tiger. „Ich bin nicht mehr wütend und auch nicht enttäuscht", sagt er. „Ich weiß, du bist ein Tiger und verhältst dich so, wie Tiger sich eben verhalten. Ich verzeihe dir. Du bist ein sehr schöner Tiger. Aber ich werde meine Hand nie mehr in dein Gehege strecken."

Etwas auf andere Art zu erleben war auch der Wunsch von Birgit. Es war nun schon fast ein Jahr her, dass ihr großer Mischlingsrüde Bruno einen kleinen Jack Russell gebissen hatte. Birgit hatte in der Zeit viel mit Bruno gearbeitet. Dank des hervorragenden Trainings und der Tatsache, dass sie achtsam geblieben war, hatte es seither keinen einzigen Vorfall mehr gegeben. Birgit hätte sehr zufrieden und stolz auf sich sein können, wäre da nicht die Erinnerung an die Beißerei, die ihr immer noch zu schaffen machte. Direkte

Angst vor Hundespaziergängen hätte sie nicht, erklärte sie, aber oft ein un-gutes Gefühl. Und sie leide immer noch unter einem schlechten Gewissen. Da die Erinnerung an den Vorfall eindeutig belastend war, ich aber keine Anzeichen einer echten Traumatisierung feststellen konnte, war der Schei-benwischer als vereinfachte Form des EMDR das Format der Wahl.

Als erstes führten wir den Ringtest ein, indem Birgit ein paar wahre und ein paar gelogene Geschichten erzählte, während sie versuchte, den Ring zwischen Daumen und Zeigefinger ihrer linken Hand gegen meinen Zug zu halten. Danach legten wir den idealen Abstand zwischen ihrem Gesicht und meiner Hand für die Winkbewegungen fest. Als sicheren Ort wählte Birgit eine Laube im Garten ihrer Oma, den sie in ihrer Phantasie mitsamt ihrem Bruno aufsuchte. Danach bat ich sie, die belastende Situation möglichst genau zu beschreiben.

Birgit hatte Bruno an einer Schleppleine geführt, als der Jack Russell um eine Wegbiegung kam. Sie hatte ihren Hund nicht halten können und Bruno stürzte sich auf den Kleinen. Geistesgegenwärtig ließ Birgit sofort die lange Leine fallen, schlüpfte aus ihrer Jacke und warf sie über die Hunde. Darauf-hin ließ Bruno sofort von dem Jack Russell ab. Dieser hatte aber schon eine Bisswunde davongetragen.

An dieser Stelle wurde mir klar, warum das doch sehr einschneidende Erlebnis keine drastischeren Spuren hinterlassen hatte: Birgit stand in der Situation natürlich unter heftigem Stress, aber dieser war nicht komplett unkontrollierbar gewesen. Ein Stück Handlungsfähigkeit hatte sie sich be-wahrt.

Birgit selber schätze die Belastung auf etwa sieben ein. Der Ringtest be-stätigte das – der Ring ging relativ leicht auf. Da sie zu Anfang von ihrem schlechten Gewissen gesprochen hatte, beschloss ich, den Glaubenssatz einzubeziehen, der hinter diesem schlechten Gewissen stecken musste. Er war recht schnell gefunden: *Ich habe versagt* – ein alter Bekannter für mich als Therapeutin. Als alternativen, unterstützenden Glaubenssatz wählte Bir-git: *Es ist vorbei und ich habe aus der Situation gelernt.*

Auf meine Frage, ob es in Ordnung sei, wenn sie diese Situation in Zu-kunft anders erlebe, meinte Birgit, ja, wenn sie deshalb nicht vergessen würde, was passiert war, damit sie weiterhin achtsam bleibe. Das konnte ich ihr versprechen.

Nach der ersten Wink-Phase war die Belastung bei viereinhalb. Der Ring hielt deutlich besser. Der neue Glaubenssatz war vorstellbar geworden. Nach dem zweiten Wink-Set waren wir bei Belastung Null und Birgit tes-

Der Scheibenwischer in Aktion

Für den Scheibenwischer brauchen Sie einen Partner oder eine Partnerin. Nennen wir die Person, die durch den Prozess führen wird, *C* wie Coach. Die Person, die an einem Problem arbeitet, bekommt das Kürzel *A* wie Arbeitende/r.

A) VORBEREITUNG:

• Das „Winken" üben

Es empfiehlt sich zunächst, einige Testdurchläufe zu absolvieren. C und A sitzen einander leicht versetzt gegenüber, sodass C mit der starken Hand die Winkbewegungen vor den Augen von A durchführen kann.

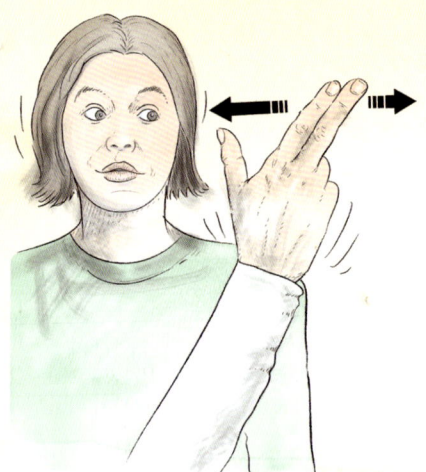

C testet den idealen Abstand aus (in der Regel etwa 30 cm vor dem Gesicht von A).

C beginnt, mit seinen Fingern gerade Balken-Bahnen zu beschreiben, die K mit den Augen nachvollzieht, und passt den Abstand gegebenenfalls an die Bedürfnisse von A an. C achtet darauf, dass A nur mit den Augen folgt und den Kopf ruhighält.

tete stark. Sie konnte sich jetzt gut vergegenwärtigen, dass dieses Erlebnis wirklich hinter ihr lag, dass sie aber viel daraus gelernt hatte und weiterlernen wollte.

WICHTIG: Anders als beim Auto-Scheibenwischer sollten die Bewegungen keine Bögen, sondern ganz gerade Linien auf einer Ebene beschreiben. Die Bewegungen sollten gerade eben so ausladend sein, dass A die Augen rechts und links jeweils „bis zum Anschlag" bringen muss.

- *Ringtest einführen/überprüfen*

C führt den Ringtest ein, wie im Kapitel *Kleine Experimente mit Haltungen und Posen* beschrieben. Am besten erzählt A zum Testen ein paar Lügen und ein paar wahre Geschichten.

- *Sicheren Ort etablieren*

Wenn A noch keinen sicheren Ort etabliert hat, sollte dieser jetzt gefunden und mit einem Anker abrufbar gemacht werden.

- *Situation festlegen*

A beschreibt die Situation, mit der er/sie arbeiten möchte. Sie sollte mit einer nicht allzu drastischen unangenehmen Erinnerung oder Befürchtung verbunden sein. Alternativ kann A auch einen blockierenden (situationsgebundenen) Glaubenssatz auswählen und einen alternativen, unterstützenden wählen („Was denkst du in der Situation über dich? Welche Überzeugung wäre im Gegensatz dazu hilfreich und unterstützend?).

WICHTIG: Wenn Sie ohne fachkundige Unterstützung arbeiten, wählen Sie aber bitte nur eines von beiden – die Situation selbst oder den zugehörigen Glaubenssatz.

B) DURCHFÜHRUNG:

• Thema benennen und Belastung einschätzen

A denkt an die Situation (oder den situationsbedingten Glaubenssatz) und schätzt die Belastung auf einer Skala von 1 bis 10 ein. Wie schon erwähnt, sollte die Belastung nicht über 5 liegen, wenn Sie den Scheibenwischer ohne fachliche Unterstützung durchführen.

• Ringtest

C fordert A auf, an den unangenehmsten Moment der Situation – beziehungsweise an den belastenden Glaubenssatz – zu denken und führt dabei den Ringtest durch. Der Ring zwischen Daumen und Zeigefinger von A sollte bei mittlerer Belastung noch ein wenig Widerstand bieten, letztlich aber aufgehen.

• Ökologie-Check

C hinterfragt: „Ist es ok für dich, wenn du diese Situation von nun an anders erlebst (wenn du diese Überzeugung loslässt und durch die neue ersetzt)? Würdest du dadurch irgendetwas verlieren? Müsstest du etwas aufgeben?"

• Sicherer Ort

C überprüft, ob der sichere Ort abrufbar ist.

Bei den ausgewählten nicht allzu massiven Erinnerungen, Befürchtungen oder Glaubenssätzen sollte es nicht notwendig sein, zwischendurch den sicheren Ort aufzusuchen.

(In klassischen EMDR-Prozessen dient der sichere Ort als Zuflucht bei zu heftiger Belastung in der Exposition. Sollten Sie ein Problem falsch eingeschätzt haben, sodass es sich doch als komplexer als gedacht erweist, ist der sichere Ort eine gute Möglichkeit, aus dem Prozess auszusteigen. Sie führen dann A zurück zu dem sicheren Ort, bis Ihr Coachee sich wieder ganz entspannt, ruhig und sicher fühlt. Nun kann das Thema mitsamt den dazugehörigen Bildern und Kognitionen „eingepackt" werden. A stellt sich dabei vor, das Ganze in eine Box zu packen, eine schöne Schleife darum zu binden und es für eine spätere Bearbeitung aufzubewahren.)

- *Aktivieren der belastenden Situation (Kognition)*

C bittet A, die Augen zu schließen und fragt: „Wenn Du jetzt an den schlimmsten Moment dieser Situation denkst (Dir den Glaubenssatz sagst): Was siehst du? Was hörst Du? Und wie fühlt es sich an, in dieser Situation zu sein (das zu glauben)? Wo in deinem Körper kannst Du das Gefühl am stärksten spüren?"

A deutet auf die entsprechende Stelle.

- *Die Winkphase*

C bittet A, tief zu atmen, die Augen zu öffnen und den Fingern zu folgen.

C beginnt nun mit den Winkbewegungen (ich selber beginne gerne mit einer liegenden Acht von unten nach oben gezeichnet und gehe nach ein, zwei Wiederholungen zu den Balken über). Zwanzig Hin- und Herbewegungen bilden ein Set.

- *Überprüfen*

C bittet A, das Ausmaß des negativen Erlebens noch einmal auf der Skala von 1 bis 10 einzuschätzen. Wenn Sie mit einem Glaubenssatz gearbeitet haben, überprüfen Sie, wie sehr der ursprüngliche Glaubenssatz geschwächt ist, wie gut der neue Satz geglaubt werden kann.

Fügen Sie einen Ringtest an. A müsste jetzt den Ring besser, vielleicht sogar gut halten können.

Ist das Ergebnis nicht zufriedenstellend, gehen Sie zurück zum Aktivieren der bereits veränderten belastenden Situation und fügen Sie ein weiteres Wink-Set an.

Ist die Belastung ausreichend gesunken, gehen Sie zum nächsten Schritt über.

• *Der Blick in die Zukunft/Schmetterlingsumarmung*

Ist A mit dem Ergebnis zufrieden, gilt es, einen kleinen Blick in die Zukunft zu wagen: C lässt sich kurz beschreiben, wie es sein wird, ohne die alte Belastung/mit dem neuen Glaubenssatz zu leben.

Die Schmetterlingsumarmung bietet sich an, das gute Ergebnis noch besser zu integrieren.

Zusammenfassung

Selbstcoaching-Techniken

- Innere Bilder und Gefühle sind untrennbar miteinander verbunden. Aus diesem Grund spielen sie sowohl im EMDR als auch im NLP eine wichtige Rolle. Führen Sie Regie in Ihrem Kopfkino, indem Sie die Untereigenschaften Ihrer visuellen Vorstellungen so anpassen, dass diese sich gut anfühlen.

- Nutzen Sie die Möglichkeit, sich selbst zu beraten, indem Sie bewusst die Wahrnehmungspositionen wechseln.

- Entmachten Sie mulmige Gefühle, zum Beispiel vor Hundespaziergängen, indem Sie sie mit Hilfe der mentalen Spirale verpuffen lassen.

- Entdecken Sie Ihren persönlichen sicheren Ort als Quelle von Ruhe und Kraft.

- Experimentieren Sie mit nicht-visuellen Formen der bilateralen Gehirnstimulation, den Taps und der Schmetterlingsumarmung.

- Identifizieren Sie Überzeugungen, die Sie belasten oder blockieren und finden Sie neue Glaubenssätze, die Ihnen wirklich weiterhelfen.

- Erfahren Sie die entlastende Wirkung des EMDR anhand des „Scheibenwischers".

8. Also, ich würde den Hund in der Situation nicht hochnehmen!

Wie Sie souverän mit Kritik umgehen und wie Sie sich vor ungebetenen Ratschlägen anderer schützen

Den eingangs zitierten Ratschlag bekam ich von einem Herrn mit Boxer an der Leine, als ich eines Tages mit zwei erwachsenen Hunden und dem damals gerade zwölf Wochen alten Julchen einen Spaziergang machte. Genau zitiert lautete der Ausspruch des Boxerherrchens: „Also, ich würde den Hund nicht hochnehmen, wenn ich sehe, dass ein anderer Hund entgegenkommt. Sie erziehen ihn ja zu einem Beißer!"

Natürlich spürte auch ich innerlich kurz das Bedürfnis zu entgegnen, ich hätte den Welpen ja gar nicht wegen seines Hundes hochgenommen (Ich hatte ihn und den Boxer tatsächlich gar nicht gesehen, da meine Aufmerksamkeit zu dem Zeitpunkt bei meinem offensichtlich ermüdeten Hundekind war und ich mich gerade bückte, um die Kleine auf den Arm zu nehmen). Allerdings hatte ich den belehrenden Tonfall des selbsternannten Hunde-erziehungs-Beraters registriert. Daher wollte ich – gelernt ist gelernt – das (eindeutig unerwünschte) Verhalten dieses Herrn nicht mit Aufmerksamkeit belohnen. Also atmete ich einmal tief durch, nickte, sagte: „Ah – ja", ging mit meinen Hunden und dem Welpen auf dem Arm weiter und ließ den verblüfften Wichtigtuer einfach stehen.

Diese einfache Strategie nutzt sehr kurze Antworten – in der Regel bestehend aus zwei Silben. Sie stammt von der Kommunikationstrainerin Barbara Berckhan (Berckhan, 2017) und ist ebenso hilfreich wie originell.

Fast alle Hundehalter kennen das Phänomen der ungebetenen Ratschläge – nicht nur Hundehalter natürlich, aber unter diesen scheint es mir besonders ausgeprägt zu sein. Und so gut wie jeder, der damit konfrontiert ist, wird nachvollziehen können, dass an dem Spruch „Ratschläge sind auch Schläge" in manchen Fällen durchaus etwas dran ist.

Im Moment, wo wir unaufgefordert „beraten" werden, macht das etwas mit uns. Ungebetene Ratschläge werden oft in einem ganz bestimmten Ton vorgebracht, mit erhobener Stimme. Meist gehen sie mit ganz bestimmten körpersprachlichen Signalen einher – hochgezogene Augenbrauen, zu einem Lächeln verzogene Lippen, vorgeschobenes Kinn, vorgeschobene Brust... Auf diese Weise „beraten" zu werden empfinden wir – mehr oder weniger bewusst – als Angriff. Nicht ganz zu Unrecht: Die „Beratung" bringt uns unversehens in eine unterlegene Position, aus der wir umgehend wieder herauswollen.

In einer solchen Situation beginnen wir wahrscheinlich sofort, nach einer passenden Entgegnung zu suchen. Wir möchten Kontra geben – oder aber uns verteidigen. Schon befinden wir uns in einem Stresszustand. Dieser signalisiert dem anderen auf nonverbale Weise, dass er einen Treffer gelandet hat. Die Zwei-Silben-Strategie sorgt dafür, dass dieses Muster nicht verfängt. Sie hilft dem ungewollt „Beratenen" in einer gelassenen Haltung zu bleiben. Sie schützt vor Verletzungen und vor Eskalation.

Warum aber belehren manche Leute andere Menschen so gern? Weshalb können sie ihre Angelegenheit nicht von der Angelegenheit anderer unterscheiden? Warum geben sie Ratschläge, um die sie niemand gebeten hat?

Die Motivation mag von Fall zu Fall verschieden sein. Der eine ist vielleicht von missionarischem Eifer besessen. Manch einer möchte auf diese Art sein Ego aufbauen. Andere zu beraten, kann schließlich das eigene Wissen und die eigene Wichtigkeit hervorkehren. In dem Fall geht es um die überlegene Position des „Beraters", die ihn sich stark fühlen lässt. Ein anderer wieder will vielleicht einfach „nur spielen", wie Barbara Berckhan das formuliert. So gut wie immer aber geht es um Aufmerksamkeit.

Als Hundehalter wissen Sie, wie kontraproduktiv es sein kann, ein unerwünschtes Verhalten des Hundes mit Aufmerksamkeit zu belohnen – und sei es durch Schimpfen. Vielleicht kennen Sie das Phänomen auch aus der Schule in Gestalt des Klassenclowns. Auch wenn dieser für all den Unfug, den er trieb, ausgeschimpft wurde – der Klassenclown hatte das, was er wollte: Aufmerksamkeit.

Eine hilflose oder auch eine wütende Reaktion auf unerwünschte Ratschläge, ja sogar eine scheinbar ruhige Erklärung, warum man etwas so macht und nicht anders, bedient genau dieses Muster – das Einfordern von Aufmerksamkeit. Die Zwei-Silben-Antwort bewahrt uns davor, auf ein Spiel einzusteigen, das wir gar nicht spielen wollen. Und sie verleiht uns Leichtigkeit und gelassene Heiterkeit.

Die Strategie selber ist einfach. Finden Sie eine Kurzantwort, die zu Ihnen passt und wenden Sie sie an, wo Sie sie brauchen. „Ach was" ist Barbara Berckhans Klassiker. Ich selber sage „Ah – ja", weil sich „Ach was" für mich als Österreicherin ein wenig künstlich anfühlen würde. Außerdem finde ich, die Wendung verführt ein bisschen dazu, sie schnippisch vorzubringen, was gar nicht so günstig ist. Vielleicht passt „A-ha" für Sie, „Soso" oder was auch immer... Der Phantasie sind keine Grenzen gesetzt. Wann immer Sie durch ungebetene Ratschläge, Sticheleien oder Seitenhiebe belästigt werden, lassen Sie den Angriff mit Hilfe der Zwei-Silben-Antwort ins Leere laufen.

Dabei ist es allerdings wichtig, ein einigermaßen sicheres Gefühl dafür zu entwickeln, wo die Strategie angebracht ist und wo nicht. Ein ungebetener Ratschlag ist immer ein bisschen respektlos, auch wenn er freundlich vorgetragen und gut gemeint ist. Schließlich kann man ja fragen, ob ein Tipp erwünscht ist. Trotzdem kann in manch einem unaufgeforderten Rat eine nützliche Information stecken. Auch ist nicht jede Kritik eine Einmischung.

Die eigentliche Herausforderung der Zwei-Silben-Strategie (die ich auch „Verbal-Aikido" nenne) ist es, dass die Antwort stimmig und authentisch sein muss. Wenn jemand auf eine verbale Attacke mit „Aha oder „Ah – ja" reagiert, das aber schnippisch klingt, wenn in der Antwort sogar Angst, Ärger oder Gekränktsein mitschwingen, bewirkt die Strategie nicht, was sie soll – sanften Selbstschutz, Beruhigung und Deeskalation.

Wir beginnen daher mit einer Strategie zum gekonnten Umgang mit Kritik. Gemeint ist hier eine Kritik, die keine ungebührliche Einmischung darstellt. Die Kritik-Strategie ermöglicht Ihnen, gut und gelassen mit Einwendungen und kritischen Rückmeldungen umzugehen. Zugleich ist sie die optimale Vorbereitung auf den gekonnten Umgang mit unerwünschten Einmischungen (auf die wir im Anschluss zurückkommen). Darüber hinaus hilft sie, nützliche Informationen aus kritischen Aussagen anderer herauszufiltern.

Umgang mit Kritik

Als ich noch als Musikerin sehr aktiv war, teilte ich eines Tages für ein Konzert die Garderobe mit einer chinesischen Sopranistin. Nach der Generalprobe bat sie mich um eine Kritik zu ihrer Darbietung. Ich war ein wenig verlegen. Mir hatte ihr Lied ausgezeichnet gefallen, ihre Stimme erst recht. Für eine fundierte Kritik verstand ich aber leider zu wenig vom klassischen Gesang. Als sie merkte, dass ich nicht recht wusste, was ich sagen sollte, außer, dass es wunderschön war, meinte sie, oh, sie sei aber gekränkt, wenn ich ihr keine Kritik geben wolle. In China sei das eine schwere Beleidigung. Jemandem eine Kritik zu geben sei eine Ehre. Diese zu verweigern, würde so aufgefasst, als sei einem der andere nichts wert und man hielte nichts von ihm. Nachdem ich ihr den Grund meiner Schwierigkeiten erklärt hatte, war alles wieder gut. Aber ich habe lange über diese interessante Einstellung der Chinesen zur Kritik nachgedacht und unser Gespräch nie vergessen.

Wann immer Sie in der nächsten Zeit eine Kritik bekommen, reagieren Sie einfach mit „Danke". Sonst nichts. Keine Erklärung, keine Rechtfertigung, gar nichts. Ist die Kritik positiv und anerkennend, wird Ihr Danke sicher freudig klingen und von entsprechender Körpersprache begleitet werden. Ist die Kritik eher negativ, bemühen Sie sich um ein möglichst neutrales, freundliches „Danke". Das gelingt gut, wenn Sie sich vorstellen, dass Sie sich nicht für den Inhalt der Kritik bedanken, sondern für die Mühe, die sich der andere macht, indem er Ihnen etwas zurückmeldet. Das gilt natürlich nur für respektvolle und sachliche Kritik. Verbirgt sich hinter der Kritik ein Angriffsmuster, reagieren Sie wie auf unerwünschte Ratschläge mit der Zwei-Silben-Strategie.

Die Kritik-Strategie

- Während Sie sich die Kritik anhören, stellen Sie sich vor, Sie fangen diese wie einen Ball vor Ihrem Körper mit den Händen ab – noch bevor sie „in Ihrer Magengrube" landet.

- Atmen Sie tief und ruhig. Sagen Sie „Danke". Das verschafft Ihnen den nötigen Abstand. Auf diese Weise lassen Sie die Kritik nicht sofort in sich hinein. Stattdessen stellen Sie sich vor, wie Sie diese nach dem Auffangen in Händen halten.

- Betrachten Sie die Kritik in aller Ruhe. Ist sie insgesamt hilfreich? Oder ist immerhin etwas Nützliches oder Interessantes darunter? Behalten Sie es. Was nicht für Sie passt, werfen Sie in Ihrer Vorstellung einfach über die Schulter – weg damit.

Bedenken Sie bitte – auch, wenn Sie das Bedürfnis haben, dem Kritiker zu erklären, warum Sie etwas in einer bestimmten Weise machen/gemacht haben, bedeutet das, dass Sie sich die Kritik bereits unkontrolliert „reingezogen" haben. Nur das einfache „Danke" sowie ein tiefer Atemzug ermöglichen Ihnen, die Rückmeldung zunächst auf Abstand zu halten.

Was aber, wenn Sie noch Fragen zu der vorgebrachten Kritik haben? Stellen Sie diese ruhig – aber nicht sofort. Nehmen Sie sich die Zeit, die Sie brauchen, um die Kritik in Ruhe zu betrachten. Fragen Sie später.

Die eigentliche Kunst an allen Kommunikationstechniken, die dem Selbstschutz dienen ist es, sich den nötigen Abstand zu verschaffen, um die Botschaften anderer nicht gleich in sich hineinzulassen. Diese Kritik-Strategie vermittelt Ihnen spürbar, dass Sie die Person sind, die entscheidet, wie Sie mit der Kritik umgehen und dass Sie nicht verpflichtet sind, alles anzunehmen, was andere meinen und sagen. Erst recht gilt das für unerwünschte Einmischungen.

Verbal-Aikido

Die Zwei-Silben-Strategie von Barbara Berckhan dient der gekonnten Abwehr von verbalen Attacken. Ich vergleiche sie gerne mit der japanischen Kampfkunst Aikido.

Aikido versteht sich nicht als Kampfsport, sondern als Kampfkunst und hat, wie ich finde, etwas Tänzerisches an sich. Laut Wikipedia ist es ... *Ziel des Aikidos, dass man die Angriffskraft leitet (Abwehr) und es dem Gegner unmöglich macht, seinen Angriff fortzuführen (Absicherung).* Und: *Der Aikidoka versucht in der Regel, den Angreifer nicht zu verletzen, sondern ihn in eine Situation zu führen, in der dieser sich beruhigen kann.*

Verbal-Aikido in Aktion

- Finden Sie ein Bild, das Ihnen das Gefühl von Schutz gibt, zum Beispiel eine Plexiglashülle, die Ihren Körper umgibt.

- Finden Sie einen Anker, der den Schutz bewusst macht. Beispiel: ein akustischer Anker wie „Pling!" ist praktisch. Er repräsentiert den Abprall des Angriffs von der Plexiglashülle.

- Finden Sie eine Kurzantwort, die zu Ihnen passt („Ah ja", „Aha", „Ach so" ...). Ein tiefer Atemzug vor der Kurzantwort verschafft Ihnen den nötigen Abstand.

- Finden Sie einen Subtext. Er hilft Ihnen dabei, gelassen zu bleiben. Der Subtext ist das, was Sie mit Ihrer „Ach was"-Reaktion meinen. Wie wäre es mit: *Der andere darf glauben, meinen und wollen, was er möchte, aber ich bin gerade nicht bereit, mich damit auseinanderzusetzen.*

Wenden Sie die Strategie mit einem kleinen inneren Lächeln an. Schließlich geht nicht darum, dem anderen etwas heimzuzahlen. Zweck der Übung ist es, die unerwünschte Belehrung unaufgeregt verpuffen zu lassen.

Übrigens ... Haben Sie gewusst, dass es unmöglich ist, ein Seidentuch zu durchschießen, das lediglich an zwei Zipfeln an einer Leine befestigt ist? Das feine Tuch weicht dem Geschoss aus und bleibt unverletzt. Ein treffendes Sinnbild für die Zwei-Silben-Antwort, finde ich.

Auch für dieser Strategie gilt: Übung macht den Meister. Viel Erfolg!

Zugabe: Anker für Hunde

„Click den Blick" einmal anders

Dies ist kein Buch über Hundetraining. Es gibt viele hervorragende Techniken und Methoden, unterschiedliche Möglichkeiten, mit Hunden zu arbeiten, die leinenaggressiv oder anderweitig „reaktiv" sind (siehe zum Beispiel: McConnell/London 2009; Lismont 2017). Es geht mir nicht darum, Ihnen die eine Trainingsform besonders ans Herz zu legen und Ihnen etwa von einer anderen abzuraten. Wenn Sie mit Ihrem Hund an diesem Punkt arbeiten möchten, suchen Sie die Herangehensweise aus, die Ihnen liegt, die Sie überzeugt und die am besten zu Ihnen passt.

Wenn ich Ihnen – als Zugabe gewissermaßen – *Click den Blick einmal anders* vorstelle, dann hat das zwei Gründe: Zum einen zeigt sich in dieser Technik deutlich, wie stark sich die Psyche von Menschen und Tieren ähnelt – wir können tatsächlich dieselbe Vorgehensweise für unsere Vierbeiner nutzen, die auch uns selber hilft. Im ersten Teil dieses Buches war von Ankern die Rede. Sie haben eine Technik kennengelernt, mit der Sie negative Erfahrungen mit Hilfe von positiven Ressource- oder Exzellenz-Ankern überschreiben können. Dieselbe Technik funktioniert auch bei Ihrem Hund!

Zum anderen hat *Click den Blick einmal anders* zwei Vorteile: Sie können mit Ihrem Hund auch alleine, also ohne Hilfe, arbeiten (Sie sollten allerdings etwas Erfahrung im Clickertraining haben). Außerdem müssen Sie während der Phase des Umstrukturierens und Umlernens nicht auf Ihre gewohnten Hundespaziergänge verzichten und/oder bei Spaziergängen für längere Zeit jede Begegnung mit anderen Hunden (oder sonstigen „Problemauslösern") vermeiden, wie das beispielsweise bei der klassischen Gegenkonditionierung und einigen anderen Methoden nötig ist. Wir nutzen nämlich einfach einen Clicker als Ressource-Anker und beginnen, auf unseren ganz normalen täglichen Spaziergängen mit diesem die „Problemzustände" zu überschreiben.

Voraussetzung für diese Arbeit ist, dass der Hund bereits mit dem Clicker vertraut ist. Idealerweise sollte er den Clicker aus einem freien, spielerischen Training kennen, das ihm richtig Spaß macht. Das heißt, der Clicker sollte vorab sehr gut geankert/konditioniert sein, sodass der Click schnell und sicher ein wirklich gutes Gefühl beim Hund hervorruft.

Übrigens rate ich bei dieser speziellen Form der Gegenkonditionierung zu einem echten Clicker. Das unverwechselbare, helle und prägnante Geräusch eines Knackfrosches hat eine sehr viel stärkere Wirkung als etwa ein Markerwort. Benutzen Sie ein elastisches Clickerarmband, sodass Sie bei Bedarf beide Hände frei haben.

Die erste Phase des Veränderungsprozesses nenne ich die *therapeutische Phase*. Sie entspricht dem, was wir gemacht haben, als wir einen schlechten Zustand mit Hilfe eines Exzellenz-Ankers neutralisiert oder sogar in einen einigermaßen guten verwandelt haben. Wenn Sie den Clicker gut eingeführt und durch Übung gefestigt haben, ist der Click für Ihren Hund bereits ein hervorragender Exzellenz-Anker. Das hat unter anderem damit zu tun, dass der Clicker auf ideale Weise das Belohnungssystem bedient.

WICHTIG: *In der therapeutischen Phase arbeiten wir nicht am Verhalten, sondern am Gefühl! Der Click ist in dem Stadium keine Rückmeldung für erwünschtes Verhalten und das Futter ist keine Belohnung.*

Sie erinnern sich: Ein Anker – hier der Clicker – ist immer klassisch konditioniert. Eine klassische Konditionierung löst nicht nur sichtbare physiologische Reaktionen aus, sondern auch solche im Bereich der Neurotransmitter und Hormone. Wenn positiv besetzte Anker ausgelöst werden, kommt es zu einer Ausschüttung des Belohnungstransmitters Dopamin. Dopamin macht glücklich. Dopaminausschüttungen sind es, hinter denen wir alle her sind, wir selber genauso wie unsere Hunde. Dopamin ist das, was wir mit Hilfe eines Ankers in die Massen von Stresshormonen mischen wollen.

Stellen Sie sich vor, Sie haben eine Gehaltserhöhung bekommen. Sie betrachten gerade Ihren höchst erfreulichen Kontoauszug und sind glücklich. Es ist nicht die Zahl, die da auf dem Papier steht, die bewirkt, dass es Ihnen so unglaublich gut geht, sondern das Dopamin, das Ihr Belohnungssystem ausschüttet, während Sie sich auszumalen beginnen, wie Sie sich nun die langersehnte große Urlaubsreise leisten werden ...

Das Belohnungssystem von Säugetieren ist gut erforscht. Neurobiologen haben herausgefunden, dass am meisten Dopamin ausgeschüttet wird, wenn eine reale Belohnung (die große Urlaubsreise, der Hundekeks) *angekündigt* wird oder die angenehme Erfahrung überraschend eintritt. Wir haben den Clicker so eingeführt, dass dem Click immer eine Futterbelohnung folgt. Diese wird also angekündigt. Der Click kann auch überraschend kommen. Beides führt zu starken Ausschüttungen von „Glückshormonen".

Das macht den Click zu einem so hocheffektiven (Glücks-)Anker. Übrigens – hinter dem Mechanismus der Belohnungsankündigung im Clickertraining verbirgt sich das Geheimnis, warum Hunde, die mit dem Clicker trainiert werden, so hoch motiviert sind.

Ein Hund, der auf bestimmte Auslöser mit Aggression, Abwehraggression oder auch purer Angst reagiert, steckt in seinen Emotionen fest. Wie bei uns Menschen auch, sind in einem hochemotionalen Zustand die meisten Formen des Lernens blockiert. Das gilt für alle Lernformen, die mit Denken zu tun haben, also auch für die *instrumentelle Konditionierung* (Lernen als Verknüpfung einer Reaktion mit einem positiven Nacheffekt) und für die *operante Konditionierung* (Lernen durch Versuch und Irrtum). Das sind die Lernformen, mit denen wir im Training von Hunden überwiegend arbeiten. Auch wenn sie aus dem Behaviorismus kommen, der das Lernen durch Konditionierung dem Lernen durch Denken wie einen Gegensatz gegenübergestellt hat – heute wissen wir, dass Tiere beim Lernen am Erfolg, beim Lernen durch Versuch und Irrtum durchaus denken. Im Zustand hoher Erregung aber ist das Denken blockiert.

Denkblockaden durch Aufregung kennen wir Menschen ja auch. Wer bei einer Prüfung unter heftigem Stress steht, hat das Gefühl, dass der Kopf leer ist, und wenn er noch so gut vorbereitet ist und eigentlich noch so viel weiß. Wer gerade eine massive Auseinandersetzung mit dem Nachbarn hat, wird in dem gestressten Zustand nicht ohne weiteres eine Rechenaufgabe lösen können – so leicht ihm das auch sonst fallen mag. Und lernen aus einer schwierigen Situation, die wir erlebt haben, können wir auch erst dann, wenn diese verarbeitet ist. Nur eine einzige Form des Lernens funktioniert unter starkem Stress zuverlässig – die klassische Konditionierung, die keine Denkprozesse erfordert und unmittelbar auf Körper und Gefühl wirkt.

Für die Arbeit mit unseren Hunden bedeutet das: Da instrumentelles/operantes Lernen kaum möglich ist, während Stresshormone den Körper überschwemmen, teilen wir die Click-den-Blick-Technik in zwei Phasen, die therapeutische und die operante.

In der therapeutischen Phase arbeiten wir mit klassischer Konditionierung, mit Ankern. In diesem Stadium geht es also nicht um Verhalten, sondern darum, einen veränderten emotionalen und körperlichen Zustand zu erreichen. Erst in der operanten Phase im Anschluss wird ein bestimmtes Verhalten erlernt und gefestigt.

Zur Erinnerung: Als Pawlow die Struktur der klassischen Konditionierung entdeckt hat, hat er einfach eine physiologische Veränderung festgestellt: Die Versuchshunde haben einen erhöhten Speichelfluss entwickelt, sobald sie die Glocke hörten, so stark, wie ihn davor nur der Anblick und der Geruch des Futters selbst hervorgerufen hat. Garantiert wären die Hunde in ihrer Vorfreude auch umhergesprungen, wären sie nicht in Versuchsapparaturen gesteckt – aber wie auch immer: Das Verhalten spielt keine Rolle bei der klassischen Konditionierung.

Leinenaggressive oder anderweitig reaktive Hunde sind – unabhängig vom Ursprung der Aggressionen/Ängste – in den entsprechenden Situationen in einem Gefühlsaufruhr. Jede Menge Stresshormone werden ausgeschüttet. Da es dem Hund in diesem Zustand praktisch nicht möglich ist, instrumentell oder operant zu lernen, macht es wenig Sinn, am Verhalten arbeiten zu wollen. Am Gefühl allerdings können wir ansetzen: Die klassische Konditionierung funktioniert, Ankern hilft.

Click den Blick einmal anders bedeutet, wir arbeiten so lange ausschließlich mit der Physiologie und den Gefühlen, bis der Hund selber signalisiert, dass er nun so weit ist, ein bestimmtes (erwünschtes) Verhalten zeigen zu können. Ab diesem Zeitpunkt können wir zur Trainingsphase übergehen und operant weiterarbeiten.

Die therapeutische Phase (klassische Gegenkonditionierung)

Das Vorgehen in der therapeutischen Phase ist im Grunde einfach:

Sobald ein anderer Hund auftaucht, gibt es einen Click und ein Leckerchen – *unabhängig* davon, wie sich der eigene Hund verhält. Ob er steif wird, bellt, tobt … es macht keinen Unterschied: Es gibt einen Click und ein Leckerchen. Immer!

Ich würde dabei den Hund nicht aufmerksam machen, sondern warten, bis er den Auslöser selber wahrnimmt. Der Hund darf im therapeutischen Stadium auf keinen Fall das Gefühl haben, man „will was von ihm" (was immer der Mensch auch will, er kann es in dem Zustand, in dem er ist, nicht erfüllen).

Dazu ist es auch wichtig, sobald man selber den anderen Hund/den Auslöser sieht, sofort tief und ruhig in den Bauch zu atmen und einen Fixpunkt vor sich anzusteuern, sodass man selber Ruhe ausstrahlt und dem Hund so zusätzlich Sicherheit vermittelt.

Click und Leckerchen gibt es auch unabhängig davon, ob der andere Hund der „Lieblingsfeind" ist, oder einer, mit dem sich der unsere normalerweise verträgt: Immer wenn ein Hund auftaucht: Click und Leckerchen.

Begegnungen mit Artgenossen sind die häufigsten Auslöser für Turbulenzen am Spaziergang. Die Struktur eignet sich aber für jede Art von Auslöser (Ich habe zum Beispiel einmal mit einem Hund gearbeitet, der alle Menschen anbellte, die keinen Hund dabei hatten), auch für ängstliche Hunde und für alle anderen Probleme, die draußen auftreten können und durch eindeutige Auslöser getriggert werden.

Was, wenn der Hund, der total aufgeregt und außer sich ist, gar kein Leckerchen nimmt? Das ist fast die Regel, zumindest am Anfang. Das Leckerchen selbst spielt in diesem Stadium keine wichtige Rolle. Es hat keine Belohnungswirkung, weil Bestärkungen zu anderen Lernformen gehören, die jetzt ohnehin nicht greifen. Wir geben das Futterstückchen auch nicht als Belohnung beim operanten Konditionieren. Das Futter aber wegzulassen, würde dazu führen, dass die Verbindung zwischen Click und Futter aufgeweicht wird.

Bieten Sie daher nach dem Click konsequent ein Leckerchen an, stecken Sie es einfach wieder weg, wenn es Ihr Hund nicht nimmt, und versuchen Sie es beim nächsten Mal erneut. Allein durch den Click, den Positiv-Anker, werden nämlich schon Dopaminausschüttungen hervorgerufen. Damit mischt sich jedes Mal ein bisschen gutes Gefühl ins schlechte Gefühl, auch wenn das am Anfang noch sehr wenig ist. Mit jeder Wiederholung wird es mehr. Wenn nach einiger Zeit das Leckerchen doch willkommen ist, können Sie daran sehen, dass Sie auf dem richtigen Weg sind.

So einfach dieses Prinzip ist, gerade in der therapeutischen Phase verbergen sich Fallen. Die erste ist die, dass man als Hundehalter möglicherweise doch Angst bekommt, schlechtes Verhalten zu bestärken. Daher ist es sehr wichtig zu verstehen: Das geht in dem Stadium gar nicht! Der Click ist hier keine Rückmeldung für erwünschtes Verhalten und das Futter keine Belohnung. Wir arbeiten nämlich (noch) gar nicht am Verhalten, wir bereiten die Grundlagen für eine effektive Arbeit am Verhalten.

Das unerwünschte Verhalten entspringt ja einem Gefühl – Wut oder Angst beispielsweise. Wenn wir dieses Gefühl mit dem guten Gefühl durchmischen, das der Click als Anker bewirkt, mildern wir das ursprüngliche Gefühl (Wut, Angst…) Schritt für Schritt ab. Durch die Veränderung des emotional-physiologischen Gesamtzustands ebnen wir dem nachfolgenden Lernen auf der Verhaltensebene den Weg.

Eine andere Schwierigkeit kann sein, dass einem andere Leute erklären wollen, dass man total auf dem Holzweg ist und überhaupt selber schuld, wenn man so ein übles Verhalten auch noch „belohnt". In einem solchen Fall sind Sie mit etwas Übung im Verbal-Aikido gut gerüstet.

Die rein therapeutische Phase ist zu Ende, wenn der Hund beginnt, von sich aus beim Anblick des Auslösers zu seinem Menschen zu schauen. Ihr Hund tut das, weil er beim Anblick des anderen Hundes/des früheren Problemauslösers inzwischen das Leckerchen erwartet. Jetzt können wir beginnen, operant zu arbeiten.

Die Trainingsphase

Jeden Blick in Richtung Menschengesicht belohnen Sie sofort, gezielt und fürstlich. Der Click bekommt nun wieder die vertraute Rückmeldungsfunktion, das Futterstückchen die einer Belohnung. Arbeiten Sie auch zu Hause daran. Schleichen Sie ein Signal für den Blick ein, „Guck mal" oder „Schau" beispielsweise. Sagen Sie die gewählten Worte, wenn Ihr Hund Sie anschaut. Festigen Sie das Kommando, indem Sie es immer wieder in entspannten Situationen anwenden. Steigern Sie die Anforderungen allmählich. Üben Sie den Blick auf Signal mit zunehmender Ablenkung. Schließlich sollte es möglich sein, beim Anblick eines anderen Hundes oder eines anderen Auslösers das Signal zu geben, woraufhin der Hund Sie anschaut und mit Ihnen am „Stein des Anstoßes" vorübermarschiert, statt zu „pöbeln".

Ein Vorteil dieser zweiphasigen Struktur ist, dass Sie im Falle eines Falles jederzeit zum Gegenkonditionieren zurückkehren können. Nach einem Rückfall wird die Gegenkonditionierungsphase in der Regel viel kürzer ausfallen und dann gehen Sie wieder zum operanten Training über.

Mit welcher Form des Hundetrainings Sie auch arbeiten möchten, um das Ziel entspannter Spaziergänge zu erreichen – vergessen Sie nicht, auch das Werkzeug zu nutzen, das Ihre eigene Psyche stärkt. Wählen Sie aus den vielen Techniken des mentalen Trainings, die ich Ihnen vorgestellt habe, diejenigen aus, die Ihnen am besten liegen. Festigen Sie sie durch konsequente Anwendung und nehmen Sie sie mit als Ihre Wegbegleiter, wenn Sie mit Ihrem Hund unterwegs sind. Ich wünsche Ihnen Freude und Erfolg!

Danksagung

Allen voran möchte ich Gisela Rau danken. Sie hat an dieses Buchprojekt geglaubt, was sehr wichtig für mich war. Es macht einfach Freude, mit dem Kynos-Verlag zu arbeiten!

Ein ganz großes Dankeschön an den Künstler Olaf Neumann für seine wunderbaren Illustrationen.

Einmal mehr danke ich meinem Mann Albrecht für seine Unterstützung und sein Verständnis. Schreibende Partner können eine große Herausforderung sein. Danke, Albrecht, dass Du diese immer wieder mit Geduld und Humor annimmst.

Ohne die Menschen und Hunde, die ich kennenlernen und mit denen ich arbeiten durfte, wäre dieses Buch niemals entstanden. Ihnen allen ein ganz besonderes Dankeschön für ihre Offenheit und ihr Vertrauen.

Literatur

Bader, Birgit/Haberzettl, Martin/Weerth, Rupprecht/Gimmler, Klaus-Rüdiger/Witt, Klaus (Hrsg.): Emotion und Beziehung. Diskussion und Praxis der NLPt. Psymed-Verlag Dr. Klaus Witt. Hamburg 2005

Bauer, Joachim: Warum ich fühle, was du fühlst. Intuitive Kommunikation und das Geheimnis der Spiegelneurone. Hoffmann und Campe, Hamburg 2005

Beck, Elisabeth: Wer denken will, muss fühlen. Mit Herz und Verstand zu einem besseren Umgang mit Hunden. Kynos, Nerdlen/Daun 2010

Beck, Elisabeth: Mit der Schwerkraft spielen. Jonglieren als aktive Pause & als lebendiges Modell des Lernens in Training und Weiterbildung. Junfermannsche Verlagsbuchhandlung, Paderborn 2002

Berckhan, Barbara: Ach was? Witzige Strategien gegen Seitenhiebe und andere Bissigkeiten. Kösel Verlag, München 2017

Damasio, Antonio R.: Descartes Irrtum. Fühlen, Denken und das menschliche Gehirn. Neuausgabe im List Taschenbuchverlag, 4. Auflage, Berlin 2006

Goleman, Daniel: Emotionale Intelligenz. Deutscher Taschenbuch-Verlag, München (11. Auflage) 1999

Grawe, Klaus: Neuropsychotherapie. Hogrefe, Göttingen, Bern, Toronto, Seattle, Oxford, Prag 2004

Hüther, Gerald: Biologie der Angst. Wie aus Streß Gefühle werden. Vandenhoeck & Ruprecht, 11. Auflage, Göttingen 2012

Lismont, Katrien: Hund trifft Hund: Entspannte Hundebegegnungen an der Leine. Cadmos Verlag, Schwarzenbek 2017

McConnell, Patricia B./London, Karen B.: Alter Angeber! Leinenaggressionen bei Hunden verstehen und beheben. Kynos Verlag, Nerdlen/Daun 2009

Shapiro, Francine: Frei werden von der Vergangenheit. Trauma-Selbsthilfe nach der EMDR-Methode. Kösel Verlag, München 2013

Siegmund-Besser, Cora/Siegmund, Lola A./Siegmund, Harry: Systemdynamisches Coaching mit der wingwave-Methode. Junfermann Verlag, Paderborn 2018

Spitzer, Manfred: Psychotherapie im Mausmodell – Was bei EMDR gegen PTBS im Gehirn passiert https://thieme-connect.com/products/ejournals/abstract/10.1055/a-0847-8494

Über die Autorin

Elisabeth Beck ist Österreicherin. Sie studierte Pädagogik, Psychologie und Musik in Salzburg. 1983 kam sie nach Berlin, wo sie als Therapeutin, Seminarleiterin, Dozentin und Musikerin arbeitete und ein Studium der Tierpsychologie absolvierte. Heute ist sie vor allem als Human- und Tierpsychologin tätig. Sie gibt Seminare für Hunde und ihre Besitzer und lebt mit ihrem Mann und vielen Tieren auf einem Bauernhof in Brandenburg. Sie verfasste außerdem bereits mehrere Kriminalromane. Autorenhomepage: https://elisabeth-beck-seminare.jimdofree.com/.

Der Erfolgstitel von Elisabeth Beck:

Wer denken will, muss fühlen

Mit Herz und Verstand zu einem besseren Umgang mit Hunden

Nähe und Vertrauen zwischen Mensch und Tier bleiben bei all dem Wissen und der tausend Trainingsmethoden auf der Strecke. Fast könnte man meinen, das viele Wissen, das uns heute über Hunde vermittelt wird, habe es eher schwieriger als leichter gemacht, eine gute Beziehung zum eigenen Vierbeiner zu haben. Elisabeth Beck zeigt mit wissenschaftlichem Hintergrund und anhand vieler Beispiele, warum nur eine Synthese aus „Verstand", dem Beherrschen der Methodik des Trainings, und „Herz", der intakten Gefühlsbeziehung zum Tier, zu einer erfolgreichen Kommunikation mit Hunden führen kann. Nicht das Verhalten des Hundes steht dabei im Vordergrund, sondern die Fähigkeiten des Menschen und die Beziehung zwischen Mensch und Tier als wichtigste Grundlage des Trainings.

Paperback, 240 Seiten
ISBN: 978-3-95464-228-1
Preis: 16,95 EUR

www.kynos-verlag.de